"助力乡村振兴，引领质量

畜肉产品质量追溯
实用技术手册

中国农垦经济发展中心　组编

秦福增　韩学军　主编

中国农业出版社
农村读物出版社
北　京

图书在版编目（CIP）数据

畜肉产品质量追溯实用技术手册/中国农垦经济发
展中心组编；秦福增，韩学军主编 . —北京：中国农业
出版社，2019.12
（"助力乡村振兴，引领质量兴农"系列丛书）
ISBN 978-7-109-26319-2

Ⅰ. ①畜… Ⅱ. ①中… ②秦… Ⅲ. ①畜产品－农产
品－质量管理体系－中国－技术手册 Ⅳ. ①F326.3-62

中国版本图书馆 CIP 数据核字（2019）第 284853 号

中国农业出版社出版
地址：北京市朝阳区麦子店街 18 号楼
邮编：100125
责任编辑：冀 刚 胡烨芳
版式设计：杜 然 责任校对：刘丽香
印刷：北京中兴印刷有限公司
版次：2019 年 12 月第 1 版
印次：2019 年 12 月北京第 1 次印刷
发行：新华书店北京发行所
开本：700mm×1000mm 1/16
印张：9.25
字数：180 千字
定价：50.00 元

丛书编委会名单

主　任：李尚兰

副主任：韩沛新　程景民　秦福增　陈忠毅

委　员：王玉山　黄孝平　林芳茂　李红梅

　　　　刘建玲　陈晓彤　胡从九　钟思现

　　　　王　生　成德波　许灿光　韩学军

总策划：刘　伟

本书编写人员名单

主　　编：秦福增　韩学军

副 主 编：张颖璐　张宗城　张　明

编写人员（按姓氏笔画排序）：

　　　　　刘　阳　许冠堂　张　明　张宗城

　　　　　张颖璐　陈　杨　陈　曙　秦福增

　　　　　韩学军　薛　刚

中共十九大作出中国特色社会主义进入新时代的科学论断，我国社会主要矛盾已经转化为人民日益增长的美好生活需要和不平衡不充分的发展之间的矛盾，我国经济已由高速增长阶段转向高质量发展阶段。以习近平同志为核心的党中央深刻把握新时代我国经济社会发展的历史性变化，明确提出实施乡村振兴战略，深化农业供给侧结构性改革，走质量兴农之路。只有坚持质量第一、效益优先，推进农业由增产导向转向提质导向，才能不断适应高质量发展的要求，提高农业综合效益和竞争力，实现我国由农业大国向农业强国转变。

21 世纪初，我国开始了对农产品质量安全追溯方式的探索和研究，近十年来，在国家的大力支持和各级部门的推动下，农产品质量安全追溯制度建设取得显著成效，成为近年来保障我国农产品质量安全的一种有效的监管手段。产业发展，标准先行。标准是产业高质量发展的助推器，是产业创新发展的孵化器。《农产品质量安全追溯操作规程》系列标准的发布实施，构建了一套从生产、加工到流通全过程质量安全信息的跟踪管理模式，探索出一条"生产有记录、流向可追踪、信息可查询、质量可追溯"的现代农业发展之路。为推动农业生产经营主体标准化生产，促进农业提质增效和农民增收，加快生产方式转变发挥了积极作用。

"助力乡村振兴，引领质量兴农"系列丛书是对农产品质量安全追溯操作规程系列标准的进一步梳理和解读，是贯彻落实乡村振兴战略，切实发挥农垦在质量兴农中的带动引领作用的基本举措，也是贯彻落实农业农村部质量兴农、绿色兴农和品牌强农要求的重要抓手。本系列丛书由中国农垦经济发展中心和中国农业出版社联合推出，对谷物、畜肉、水果、茶叶、蔬菜、小麦粉及面条、水产品等大宗农产品相关农业生产经营主体农

产品质量追溯系统建立以及追溯信息采集及管理等进行全面解读，并辅以追溯相关基础知识和实际操作技术，必将对宣贯农产品质量安全追溯标准、促进农业生产经营主体标准化生产、提高我国农产品质量安全水平发挥积极的推动作用。

本书秉持严谨的科学态度，在遵循《中华人民共和国农产品质量安全法》《中华人民共和国食品安全法》等国家法律法规以及现有相关国家标准的基础上，立足保安全、提质量的要求，着力推动农产品质量安全追溯向前发展。本书共分为两章：第一章为农产品质量安全追溯概述，主要介绍了农产品质量安全追溯的定义，国内外农产品质量安全追溯发展情况，以及农产品质量安全追溯的实施原则、实施要求等；第二章为《农产品质量安全追溯操作规程　畜肉》（NY/T 1764—2009）的解读，并在内容解读基础上提供了一些实际操作指导和实例分析，以期对畜肉生产经营主体的生产和管理具有指导意义。

限于编者的学识水平，加之时间匆忙，书中不足之处在所难免，恳请各位同行和读者在使用过程中予以指正并提出宝贵意见和建议。

编　者

2019 年 10 月

目 录

第一章
农产品质量安全追溯概述

随着工业化以及现代物流业的发展，越来越多的农产品是通过漫长而复杂的供应链到达消费者手中。由于农产品的生产、加工和流通往往涉及位于不同地点和拥有不同技术的生产经营主体，消费者通常很难了解农产品生产、加工和流通的全过程。在农产品对人们健康所造成风险逐渐增加的趋势下，消费者已经逐渐觉醒，希望能够通过一定途径了解农产品生产、加工与流通的全过程，希望加强问题农产品的回收和原因查询等风险管理措施。如何满足消费者最关切的品质、安全卫生以及营养健康等需求，建立和提升消费者对农产品质量安全的信任，对于政府、生产经营主体和社会来说，都显示出日益重要的意义。自 20 世纪 80 年代末以来，全球农产品相关产业和许多国家的政府越来越重视沿着供应链进行追溯的可能性。建立农产品质量安全追溯制度，实现农产品的可追溯性，现在已经成为研究制定农产品质量安全政策的关键因素之一。

第一节　农产品质量安全追溯简介

一、农产品质量安全追溯的定义

从 20 世纪 80 年代末发展至今，农产品质量安全追溯制度在规范生产经营主体生产过程、保障农产品质量安全等方面的作用越来越明显。虽然农产品质量安全追溯制度得到了世界各国的认可与肯定，但至今尚未形成统一的概念。为提高消费者对农产品质量安全追溯的认识，进一步促进农产品质量安全追溯发展，需对农产品质量安全追溯这一术语进行界定。

"可追溯性"是农产品质量安全追溯的基础性要求，在对农产品质量安全追溯进行定义之前，应先厘清"可追溯性"这一基础概念。目前，"可追溯性"定义主要有欧盟、国际食品法典委员会（CAC）和日本农林水产省的定义。

欧盟将"可追溯性"定义为"食品、饲料、畜产品和饲料原料，在生

产、加工、流通的所有阶段具有的跟踪追寻其痕迹的能力"。CAC将"可追溯性"定义为"能够追溯食品在生产、加工和流通过程中任何指定阶段的能力"。日本农林水产省的《食品追踪系统指导手册》将"可追溯性"定义为"能够追踪食品由生产、处理、加工、流通及贩售的整个过程的相关信息"。

根据我国《新华字典》解释,追溯的含义是"逆流而上,向江河发源处走,比喻探索事物的由来",顾名思义,农产品质量安全追溯就是对农产品质量安全信息的回溯。本书编者在修订农业行业标准 NY/T 1761—2009《农产品质量安全追溯操作规程 通则》过程中,结合当前我国农产品质量安全追溯工作特点以及欧盟、CAC以及日本农林水产省等对"可追溯性"的定义,将农产品质量安全追溯定义为"运用传统纸质记录或现代信息技术手段对农产品生产、加工、流通过程中的质量安全信息进行跟踪管理,对问题农产品回溯责任,界定范围"。

二、国外农产品质量安全追溯的发展

农产品质量安全追溯是欧盟为应对肆虐十年之久的疯牛病建立起来的一种农产品可追溯制度。随着经济的发展和人们生活水平的提高,人民群众对于安全农产品的呼声越来越高、诉求越来越强烈,且购买安全农产品的意愿越来越强。在全球化和市场化的背景下,农产品生产经营分工越来越细,从"农田到餐桌"的链条越来越长,建立追溯制度、保障食品安全不仅是政府的责任、从业者的义务,更是一种产业发展的趋势与要求。从国外农产品质量安全追溯建设情况来看,追溯体系建设主要通过法规法令制定、标准制定和系统开发应用等3个层面进行推进。

(一)国外法规法令制定情况

欧盟、日本、美国等国家和地区通过制定相应法规法令明确规定了生产经营主体在追溯制度建设方面应尽的义务和责任。

1. 欧盟法规法令制定情况

欧盟为应对疯牛病问题,于1997年开始逐步建立农产品可追溯制度。按照欧盟有关食品法规的规定,食品、饲料、供食品制造用的家禽,以及与食品、饲料制造相关的物品,其在生产、加工、流通的各个阶段必须确立这种可追踪系统。该系统对各个阶段的主题作了规定,以保证可以确认以上的各种提供物的来源与方向。可追踪系统能够从生产到销售的各个环节追踪检查产品。2000年,欧盟颁布的《食品安全白皮书》首次把"从田间到餐桌"的全过程管理纳入食品安全体系,明确所有相关生产经营者的责任，并引入危害分析与关键控制点（HACCP）体系，要求农产品生产、加工和销售等所有环节应具有可追溯性。2002年，欧盟颁布的有关食品法规则进一步升级，不仅要求明确相关生产经营者的责任，还规定农产品生产经营主体生产、加工和流通全过程的原辅料及质量相关材料应具有可追溯性，以保证农产品质量安全。同时，该法规规定自2005年1月1日起，在欧盟范围内流通的全部肉类食品均应具有可追溯性，否则不允许进入欧盟市场流通。该法规的实施对农产品生产、流通过程中各关键环节的信息加以有效管理，并通过对这种信息的监控管理，来实现预警和追溯，预防和减少问题的出现，一旦出现问题即可以迅速追溯至源头。

2. 日本法规法令制定情况

日本紧随欧盟的步伐，于2001年开始实行并推广追溯系统。2003年5月，日本颁布了《食品安全基本法》，该法作为日本确保食品安全的基本法律，树立了全程确保食品安全的理念，提出了综合推进确保食品安全的政策、制定食品供应链各阶段的适当措施、预防食品对国民健康造成不良影响等指导食品安全管理的新方针。在《食品安全基本法》的众议院内阁委员会的附带决议中，提出了根据食品生产、流通的实际情况，从技术、经济角度开展调查研究，推进能够追溯食品生产、流通过程的可追溯制度。2003年6月，日本出台了《关于牛的个体识别信息传递的特别措施法》（又称《牛肉可追溯法》），要求对日本国内饲养的牛安装耳标，使牛的个体识别号码能够在生产、流通、零售各个阶段正确传递，以此保证牛肉的安全和信息透明。2009年，日本又颁布了《关于米谷等交易信息的记录及产地信息传递的法律》（又称《大米可追溯法》），对大米及其加工品实施可追溯制度。

3. 美国法规法令制定情况

2001年"9·11"事件后，美国将农产品质量安全的重视程度上升至国家层面，当年发布的《公共健康安全与生物恐怖应对法》要求输送进入美国境内的生鲜农产品必须具有详尽的生产、加工全过程信息，且必须能在4小时内进行溯源。2004年5月，美国食品和药物管理局（FDA）公布《食品安全跟踪条例》，以制度的形式要求本国所有食品企业和在美国从事食品生产、包装、运输及进口的外国企业建立并保存食品生产、流通的全过程记录，以便实现对其生产食品的安全性进行跟踪与追溯。2009年，为进一步加强质量安全管理，美国国会通过了《食品安全加强法案》，要求一旦农产品、食品出现质量问题，从业者需要在两个工作日内提供完整的原料谱系，对可追溯管理提出了更加明确的要求。

（二）国外技术标准制定情况

在颁布法规法令强制推行农产品质量安全追溯制度的同时，为有效指导追溯体系建设，一些国家政府、国际组织先后制定了多项农产品追溯规范（指南），在实践中发挥了积极作用。

2003年4月25日，日本农林水产省发布了《食品可追溯制度指南》，该指南成为指导各企业建立食品可追溯制度的主要参考。2010年，日本农林水产省对《食品可追溯制度指南》进行修订，采用CAC的定义，即可追溯被定义为"通过登记的识别码，对商品或行为的历史和使用或位置予以追溯的能力"，进一步明确追溯制度原则性要求。美国、法国、英国、加拿大等国政府参照国际标准，结合本国实际情况，制定了相应技术规范或指南。

国际食品法典委员会（CAC）、国际物品编码协会（GSI）、国际标准化组织（ISO）等有关国际机构利用专业优势、资源优势，积极参与农产品追溯体系技术规范制定，为推动全球农产品质量安全追溯管理发挥了重要作用。CAC权威解释了可追溯性的基本概念和基本要求；国际物品编码协会（GS1）利用掌控全球贸易项目编码的优势，先后制定了《全球追溯标准》《生鲜产品追溯指南》及牛肉、蔬菜、鱼和水果追溯指南等多项操作指南，其追溯理念、编码规则被欧盟、日本、澳大利亚等多个国家和地区参照使用；2007年，ISO制定了ISO 22005《饲料和食品链的可追溯性 体系设计与实施的通用原则和基本要求》，提出了食品/饲料供应链追溯系统设计的通用原则和基本需求，通过管理体系认证落实到从业者具体活动中。

（三）国外追溯系统开发应用情况

随着信息化的发展，追溯体系必须依靠信息技术承担追溯信息的记录、传递、标识。从欧盟、美国、日本追溯体系具体建设看，农产品追溯系统的开发建设采用政府参与以及与企业自建相结合的模式推进追溯系统应用。法国在牛肉追溯体系建设中，政府负责分配动物个体编码、发放身份证、建立全国肉牛数据库，使法国政府能够精准掌握全国肉牛总量、品种、分布，时间差仅为一周；而肉牛的生产履历由农场主、屠宰厂、流通商按照统一要求自行记录。日本在牛肉制品追溯体系建设中，政府明确动物个体身份编码规则；农林水产省各个下级机构安排专人负责登记；国会拨付资金给相关协会、研究机构，承担全国性信息网络建设、牛肉甄别样品邮寄储存；饲养户、屠宰企业、专卖店自行承担追溯系统建设中信息采集、标签标识等方面的系统建设和标签标识支出，政府不予以补贴。

三、我国农产品质量安全追溯的发展

为提高我国农产品市场竞争力，扩大农产品贸易顺差，满足消费者对农产品质量的要求，我国于 2002 年开始实施"无公害食品行动计划"。该计划要求"通过健全体系，完善制度，对农产品质量安全实施全过程的监管，有效改善和提高我国农产品质量安全水平"。在一定意义上来说，"无公害食品行动计划"的实施拉开了我国农产品质量安全追溯研究的序幕。经过多年的探索与发展，已基本建立符合我国生产实际的追溯体系以及保障实施的法律法规、规章及标准，为我国农产品发展方向由增产向提质转变夯实基础。

（一）我国法律法规制定情况

2006 年，中央 1 号文件首次提出要建立和完善动物标识及疫病可追溯体系，建立农产品质量可追溯制度，其后每年中央 1 号文件均反复强调要建立完善农产品质量追溯制度。2006 年 11 月 1 日，《中华人民共和国农产品质量安全法》（以下简称《农产品质量安全法》）正式颁布施行。在农业生产档案记录方面，该法第二十四条明确规定："农产品生产企业和农民专业合作经济组织应当建立农产品生产记录，如实记载下列事项：（一）使用农业投入品的名称、来源、用法、用量和使用、停用的日期；（二）动物疫病、植物病虫草害的发生和防治情况；（三）收获、屠宰或者捕捞的日期。农产品生产记录应当保存二年。禁止伪造农产品生产记录。国家鼓励其他农产品生产者建立农产品生产记录。"在农产品包装标识方面，该法第二十八条明确要求："农产品生产企业、农民专业合作经济组织以及从事农产品收购的单位或者个人销售的农产品，按照规定应当包装或者附加标识的，须经包装或者附加标识后方可销售。包装物或者标识上应当按照规定标明产品的品名、产地、生产者、生产日期、保质期、产品质量等级等内容；使用添加剂的，还应当按照规定标明添加剂的名称。"2009 年 6 月 1 日，《中华人民共和国食品安全法》（以下简称《食品安全法》）正式施行。该法明确要求国家建立食品召回制度。食品生产企业应当建立食品原料、食品添加剂、食品相关产品进货查验记录制度和食品出厂检验记录制度；食品经营企业应当建立食品进货查验记录制度，如实记录食品的名称、规格、

数量、生产批号、保质期、供货者名称及联系方式、进货日期等内容。2015 年 4 月 24 日修订的《食品安全法》明确规定，"食品生产经营者应当依照本法的规定，建立食品安全追溯体系，保证食品可追溯"，我国农产品质量安全追溯上升至国家法律层面。

（二）我国相关部门文件及标准等制定情况

1. 我国相关部门文件制定情况

为配合农产品质量安全追溯相关法律法规的实施，加快推进追溯系统建设，规范追溯系统运行，我国各政府部门制定了农产品监管及质量安全追溯相关的文件。

2001 年 7 月，上海市政府颁布了《上海市食用农产品安全监管暂行办法》，提出了在流通环节建立"市场档案可溯源制"。2002 年，农业部发布第 13 号令《动物免疫标识管理办法》，该办法明确规定猪、牛、羊必须佩带免疫耳标并建立免疫档案管理制度。2003 年，国家质量监督检验检疫总局启动"中国条码推进工程"，并结合我国实际，相继出版了《牛肉产品跟踪与追溯指南》《水果、蔬菜跟踪与追溯指南》，国内部分蔬菜、牛肉产品开始拥有"身份证"。2004 年 5 月，国家质量监督检验检疫总局出台《出境水产品追溯规程（试行）》，要求出口水产品及其原料需按照规定标识。2011 年，商务部发布《关于"十二五"期间加快肉类蔬菜流通追溯体系建设的指导意见》（商秩发〔2011〕376号），意见要求健全肉类蔬菜流通追溯技术标准，加快建设完善的肉类蔬菜流通追溯体系。2012 年，农业部发布《关于进一步加强农产品质量安全监管工作的意见》（农质发〔2012〕3 号），提出"加快制定农产品质量安全可追溯相关规范，统一农产品产地质量安全合格证明和追溯模式，探索开展农产品质量安全产地追溯管理试点"。为进一步加快建设重要产品信息化追溯体系，2017 年，商务部联合工业和信息化部、农业部等 7 部门联合发布《关于推进重要产品信息化追溯体系建设的指导意见》（商秩发〔2017〕53 号），意见要求以信息化追溯和互通共享为方向，加强统筹规划，健全标准体系，建设覆盖全国、统一开放、先进适用的重要产品追溯体系。2018 年，为落实《国务院办公厅关于加快推进重要产品追溯系统建设的意见》（国办发〔2015〕95 号），农业农村部和商务部分别印发了《农业农村部关于全面推广应用国家农产品质量安全追溯管理信息平台的通知》（农质发〔2018〕9 号）和《重要产品追溯管理平台建设指南（试行）》，旨在促进各追溯平台间互通互联，避免生产经营主体重复建设追溯平台。

2. 我国标准制定情况

为规范追溯信息采集内容，指导生产经营主体建立完善的追溯体系，保障追溯体系有效实施和管理，各行政管理部门以及相关企（事）业单位制定了系列标准。从标准内容来看，主要涉及体系管理、操作规程（规范、指南）等方面。

体系管理类标准。2006 年参照 ISO 22000：2005，我国制定了 GB/T 22000—2006《食品安全管理体系 食品链中各类组织的要求》。2009 年参照 ISO 22005：2007，我国制定了 GB/T 22005—2009《饲料和食品链的可追溯性体系设计与实施的通用原则和基本要求》，追溯标准初步与国际接轨。2010 年，我国制定了 GB/Z 25008—2010《饲料和食品链的可追溯性 体系设计与实施指南》。此外，以 GB/T 22005—2009 和 GB/Z 25008—2010 为基础，国家质量监督检验检疫总局制定并发布了部分产品的追溯要求，如 GB/T 29379—2012《农产品追溯要求 果蔬》、GB/T 29568—2013《农产品追溯要求 水产品》、GB/T 33915—2017《农产品追溯要求 茶叶》。

操作规程（规范、指南）类标准。2009 年，农业部发布了 NY/T 1761—2009《农产品质量安全追溯操作规程 通则》，并制定了谷物、水果、茶叶、畜肉、蔬菜、小麦粉及面条和水产品 7 项农产品质量安全操作规程的农业行业标准。此外，农业部还制定了养殖水产品可追溯标签、编码、信息采集等水产行业标准。商务部制定了肉类蔬菜追溯城市管理平台技术、批发自助交易终端、手持读写终端规范以及瓶装酒追溯与防伪查询服务、读写器技术、标签要求等国内贸易规范。中国科技产业化促进会发布了畜类和禽类产品追溯体系应用指南团体标准。

其他标准。例如，为促进各追溯系统间数据互联共享，农业部制定了 NY/T 2531—2013《农产品质量追溯信息交换接口规范》；为规范农产品追溯编码、促进国际贸易，农业部制定了 NY/T 1431—2007《农产品追溯编码导则》等。

（三）我国农产品质量安全追溯系统开发应用情况

2008 年之前，我国农产品质量安全追溯系统还基本处于空白状态，可追溯管理要求主要通过完善生产档案记录来实现。2008 年之后，随着各级政府部门的大力推动，追溯管理理念逐步得到从业者认可。北京、上海、江苏、福建等政府部门以及全国农垦系统建立了农产品质量安全追溯平台，为上市农产品提供查询服务。同时，社会上一批 IT 企业研发了 RFID、喷码、激光刻码等溯源设备，开发设计了形式多样、各具特点的追溯系统，追溯制度建设呈现出快速发展趋势。

四、实施农产品质量安全追溯的意义

实施农产品质量安全追溯，对于农产品质量监测、认证体系建设、贸易促进等方面具有积极的推动作用。具体表现在以下 4 个方面：

1. 有利于农产品质量问题原因的查找

当农产品发生质量问题时，根据农产品生产、加工过程中原料来源、生产环境（包括水、土、大气）、生产过程（包括农事活动、加工工艺及其条件）及包装、储存和运输等信息记录，从发现问题端向产业链源头回溯，逐一分析及排查，直至查明原因。同时，可根据追溯信息，确定问题产品批次，有利于农业生产经营主体减少损失。

2. 有利于认证体系的建设和实施

目前，我国认证体系主要有企业认证和产品认证两类。其中，企业认证主要是规范生产过程，包括 ISO 系列的 ISO 9000、ISO 14000 等，危害分析与关键控制点（HACCP），良好生产规程（GMP）和良好农业规程（GAP）等；产品认证不仅对生产过程进行规范，还对产品标准具有一定要求，包括有机食品、绿色食品和地理标志产品等。农产品质量安全追溯体系是对生产环境、生产、加工和流通全过程质量安全信息的跟踪和管理，这些内容也正是企业认证和产品认证的基础条件，从而保障了生产经营主体认证体系的建设和实施。

3. 保障消费者（采购商）的知情权，免受商业欺诈

农产品质量安全追溯信息覆盖整个产业链，所有质量信息均可通过一定渠道或媒介向消费者或采购商提供。消费者或采购商可通过知晓的全过程质量追溯信息，自行决定购买与否，免受商业欺诈。

4. 有利于促进贸易

在农产品质量安全事件频发的今天，各国对于农产品质量的要求越来越高，对于农产品的准入也越来越严格。目前，欧盟、美国和日本均对进口农产品的可追溯性作出了一定要求。对于我国一个农产品生产大国来说，实施农产品质量安全追溯势在必行，这对于促进我国农产品出口、扩大贸易顺差具有重要的意义。

第二节　农产品质量安全追溯操作规程

在解读农业行业标准 NY/T 1764—2009《农产品质量安全追溯操作规程　畜肉》前，应首先明确何谓标准及其中的一个类型——操作规程。

一、标　准

(一) 标准的定义

操作规程是标准的形式之一。标准是规范农业生产的重要依据,农业生产标准化已成为我国农业发展的重要目标之一。为保障农产品质量安全,我国不断加强法治建设,涉及农业生产的法律法规主要有《食品安全法》《农产品质量安全法》《农药管理条例》《兽药管理条例》等。

标准属于法规范畴,对法律、法规起到支撑作用。标准的定义是"为在一定范围内获得最佳秩序,经协商一致制定并由公认机构批准,共同使用的和重复使用的一种规范性文件"。对以上定义应有充分认识,才能正确解读标准,现分别解释如下:

1. "为在一定范围内获得最佳秩序"

"为在一定范围内获得最佳秩序"是标准制修订的目的。"最佳秩序"是各行各业进行有序活动,获得最佳效果的必要条件。因此,标准化生产是农业生产的必然趋势。依据辩证唯物主义观点,"最佳秩序"是目标,是有时间性的。某个时期制定的标准可达到那个时期的最佳秩序,但以后发生客观情况的变化或主观认知程度的提高,已制定的标准不能达到最佳秩序时,就应对该标准进行修订,以便达到最佳秩序。因此,在人类生产历史中,最佳秩序的内涵不断丰富,人类通过修订标准逐渐逼近最佳秩序。例如,农业行业标准 NY/T 1764—2009《农产品质量安全追溯操作规程　畜肉》发布于 2009 年,该标准可规范畜肉生产的质量安全追溯,达到当时认知水平下的最佳秩序,并在发布后的若干年内,客观情况变化或主观认知水平上尚未感到需要修改该标准。但随着社会的发展以及技术的更新,当标准中的某些内容不适用时,就需对该标准进行修订,以达到新形势下的最佳秩序。

"在一定范围内"说明标准适用范围,如国家标准适用于全国,行业标准适用于本行业。但行业标准的适用范围往往与国家标准一致,如农业行业标准适用于全国农业系统以及农产品加工领域。每个标准都明确规定了使用范围,超出该范围就不适用了。NY/T 1764—2009《农产品质量安全追溯操作规程　畜肉》是规程类标准,其使用范围是畜肉的质量安全追溯。在使用标准时,不可发生以下超范围使用:

(1)《农产品质量安全追溯操作规程　畜肉》超范围使用标准情况

①用于质量安全追溯的其他认证。例如,用于危害分析与关键控制点(HACCP),尽管该规程在危害分析方面与 HACCP 有共同之处,但尚有

危害分析的不同之处。该规程的其他内容与 HACCP 均不相同。因此，畜肉生产经营主体不能将该规程用于 HACCP 认证。反之亦然，不能将 HACCP 条文用于质量安全追溯中。例如，HACCP 中关键控制点的设置尽量少，可设可不设的则不设。而该规程在执行中设置关键控制点时，可设可不设的则设，凡是影响某一质量安全项目的所有工艺段都设。例如，畜肉的挥发性盐基氮发生在冷却储存工艺段，也发生在出厂检验的误测。因此，冷却储存和出厂检验都设为关键控制点。

②用于畜肉以外产品。该规程适用于畜肉及其加工产品，不适用于畜肉以外的牲畜产品，如头足、血、内脏和毛皮；也不适用于禽肉。每个标准的使用范围都有明确规定，畜肉生产经营主体都应正确使用标准，尤其是畜肉加工企业。对于不同类型的标准都应严格执行其使用范围。

（2）国家限量标准超范围使用　例如，加工生产肉灌肠类食品，应用 GB 2760—2014《食品安全国家标准　食品添加剂使用标准》时，不能发生以下两类超范围使用：

①品种超范围。为达到畜肉的防腐效果，使用 GB 2760—2014 规定不应使用的苯甲酸。

②使用量超范围。为达到畜肉的防腐效果，使用 GB 2760—2014 规定的允许使用的山梨酸，但生产肉灌肠类使用量超过规定的最大使用量 1.5g/kg。

（3）分析方法标准应选用适用标准　样品中各指标测定方法应选择适用的国家标准或行业标准。若存在多个现行有效的国家标准或行业标准，则应选择最能适用于样品的分析方法。例如，肉灌肠类中淀粉测定，不能选用 GB/T 12094《淀粉及其衍生物二氧化硫含量测定方法》，而应选用 GB 5009.9—2016《食品安全国家标准　食品中淀粉的测定》。

2. "经协商一致制定"

"经协商一致制定"是标准制修订程序之一，是针对标准制修订单位的要求。标准和生产分别属于上层建筑和经济基础范畴，标准依据生产，又服务于生产。因此，制修订的标准既不可比当时生产水平低，拖生产后腿；又不可远超过当时生产水平，高不可及。标准制修订单位需要与生产部门、管理部门、科研和大专院校广泛交流，标准各项内容应协商一致，以便确保标准的先进性和可操作性，使标准的实施对生产起到应有的促进作用。

3. "由公认机构批准"

"由公认机构批准"是标准制修订程序之一。公认机构是指标准化管理机构，如国家标准化技术委员会。就我国而言，标准分为国家标准、行业标准、地方标准、团体标准和企业标准，均需国家标准化技术委员会批准、备案后方可实施。就国际上而言，这种公认机构除政府部门外，还有联合国下属机构，如国际标准化组织（ISO）、联合国食品法典委员会（CAC）等；或者国际行业协会，如国际乳业联合会（IDF）等。只有公认机构批准发布的标准才是有效的。

4. "共同使用的和重复使用的"

标准的使用者是标准适用范围内的合法单位，如所有我国合法经营的畜肉生产企业均可使用农业行业标准 NY/T 1764—2009《农产品质量安全追溯操作规程　畜肉》。该标准也适用于所有我国合法经营畜肉的其他生产经营主体，如合作社、公司和协会等，该标准还可供畜肉生产经营主体共同使用，且在修订或作废之前可以被重复使用。除畜肉生产经营主体外，协助、督导、监管畜肉生产经营主体质量安全追溯工作的单位，如农业农村部和各地方管理部门、有关质量追溯监测机构也可应用该标准，帮助畜肉生产经营主体更好地实施该标准。

5. "规范性文件"

"规范性文件"表明标准是用以详述法律和法规内容，具有法规性质。但它不是法规，而是属于法规范畴，是要求强制执行或推荐执行的规范性文件。

（二）标准的性质

就标准性质而言，标准分为强制性标准和推荐性标准，表示形式分别为标准代号中不带"/T"和带"/T"。如《农产品质量安全追溯操作规程　畜肉》是推荐性标准，其标准代号为 NY/T 1764—2009。推荐性标准是非强制执行的标准，如果没有其他标准可执行时，为达到该标准的目的，就必须按该标准执行。

（三）标准的分级

我国标准分为国家标准、行业标准、地方标准、团体标准和企业标准，由其名称可知其适用范围。级别最高的是国家标准，最低的是企业标准。同一标准若发布了国家标准，则比其级别低的其他标准自行作废。国家鼓励企业制定企业标准，但其内容中要求应严于国家标准，且在企业内部执行。

（四）标准的分类

从标准的应用角度，可将标准分为以下 6 种主要类型：

1. 限量标准

规定某类或某种物质在产品中限量使用的规范性文件，如 GB 2760—2014《食品安全国家标准　食品添加剂使用标准》。

2. 产品标准

规定某类或某种产品的属性、要求以及确认的规则和方法的规范性文件，如 NY/T 843—2015《绿色食品　肉及肉制品》。

3. 方法标准

规定某种检验的原理、步骤和结果要求的规范性文件，如 GB 5009.9—2016《食品安全国家标准　食品中淀粉的测定》。

4. 指南

规定某主题的一般性、原则性、方向性的信息、指导或建议的规范性文件，如 GB/T 14257—2009《商品条码　条码符号放置指南》。

5. 规范

规定产品、过程或服务需要满足要求的规范性文件，如 GB 12694—2016《食品安全国家标准　畜禽屠宰加工卫生规范》。

6. 规程

规定为设备、构件或产品的设计、制造、安装、维护或使用而推荐惯例或程序的规范性文件，如 NY/T 1764—2009《农产品质量安全追溯操作规程　畜肉》。

二、操作规程

操作规程是规程中最普遍的一种，它规定了操作的程序。NY/T 1764—2009《农产品质量安全追溯操作规程　畜肉》规定畜肉生产经营主体实施质量安全追溯的程序以及实施这些程序的方法，其以章的形式叙述如下：

（一）范围

范围包括两层含义：一是该标准包含的内容范围，即术语和定义、要求、编码方法、信息采集、信息管理、追溯标识、体系运行自查和质量安全问题处置；二是该标准规定的适用范围，即猪、牛、羊等畜肉的质量安全追溯。

（二）规范性引用文件

列出的被引用的其他文件经过标准条文的引用后，成为标准应用时必不可少的文件。文件清单中不注明日期的标准表示其最新版本（包括所有的修改单）适用于本标准。在 NY/T 1764—2009《农产品质量安全追溯操作规程　畜肉》中引用了 NY/T 1761《农产品质量安全追溯操作规程　通则》，这里没有发布年号，其含义是引用现行有效的最新版本标准。

（三）术语和定义

所用术语和定义与 NY/T 1761《农产品质量安全追溯操作规程　通则》相同。因此，不必在本标准中重复列出，只需引用 NY/T 1761 的术语和定义即可。而 NY/T 1761 的术语和定义共有 11 条。其中列出 8 条，引用 NY/T 1431《农产品产地编码规则》中 3 条术语和定义。

（四）要求

在规定畜肉生产经营主体实施质量安全追溯程序以及实施方法之前，应先明确实施的必备条件，只有具备条件后才能实施操作规程。这些条件主要包括追溯目标、机构或人员、设备和软件、管理制度等内容。

（五）编码方法

编码方法是实施操作规程的具体程序和方法之一，此部分内容叙述整个产业链各个环节的编码方法。不同畜肉生产经营主体产业链不同，编码方法也不尽相同。例如，自产饲料的畜肉生产经营主体，需从饲料原料和饲料添加剂环节开始编码；畜肉加工经营主体，则需包括加工生产环节的编码。

（六）信息采集

信息采集是实施操作规程的具体程序和方法之一，此部分内容叙述整个产业链各个环节的信息采集要求和内容。

（七）信息管理

信息管理是实施操作规程的具体程序和方法之一，此部分内容叙述信息采集后的存储、传输、查询。

（八）追溯标识

追溯标识是实施操作规程后，在产品上体现追溯的表示方法。

（九）体系运行自查

体系运行自查是实施操作规程后，自行检查所用程序和方法是否达到

预期效果。若须完善，则应采取改进措施。

（十）质量安全问题处置

质量安全问题处置是实施操作规程后，一旦发生质量安全问题，应采取的处置方法，作为对实施操作规程的具体程序和方法的补充。

整个操作规程的内容由以上 10 个方面组成。除（一）外，（二）、（三）、（四）是必要条件，（五）、（六）、（七）是实施的程序和方法，（八）、（九）、（十）是实施后的体现和检查处理。由此组成一个完整的操作规程。

第三节 农产品质量安全追溯实施原则

农产品质量安全追溯的实施原则是指导农产品质量安全追溯操作规程制修订的前提思想，也是保证农产品质量安全追溯正确、顺利进行的根本。这些原则体现在该标准的制修订和执行之中。

一、合法性原则

进入 21 世纪以来，随农产品外部市场竞争的加剧以及内部市场需求的增长，我国对农产品质量安全的重视程度上升到了一个新的高度，已经从法律、法规等层面作出了相应要求。如上所述，《食品安全法》《农产品质量安全法》《国务院办公厅关于加快推进重要产品追溯体系建设的意见》《农业部关于加快推进农产品质量安全追溯体系建设的意见》《关于推进重要产品信息化追溯体系建设的指导意见》《农业农村部关于全面推广应用国家农产品质量安全追溯管理信息平台的通知》等法律、法规以及相关部门文件都提出建立农产品质量安全追溯制度的要求。

在农产品质量安全追溯的实施过程中还应依据以下相关标准：

（一）条码编制

编制条码应依据 GB/T 12905—2019《条码术语》、GB/T 7027—2002《信息分类和编码的基本原则与方法》、GB/T 12904—2008《商品条码 零售商品编码与条码表示》、GB/T 16986—2018《商品条码 应用标识符》等标准。具体到农产品，编制条码时还应依据 NY/T 1431—2007《农产品追溯编码导则》和 NY/T 1430—2007《农产品产地编码规则》等标准。

（二）二维码编制

编制二维码应依据 GB/T 33993—2017《商品二维码》。

二、完整性原则

该原则主要是追溯信息的完整性要求，体现在以下两方面：

（一）过程完整性

追溯信息应覆盖畜肉生产、加工、流通全过程。追溯产品为活畜时，应包括仔畜繁育、饲料、饲养、卫生防疫、兽医兽药、出栏检疫、销售过程的追溯信息；追溯产品为畜肉制品时，除以上过程外，还应增加屠宰、加工、检验检疫、包装、储运过程的追溯信息。

（二）信息完整性

信息内容应包括所有涉及质量安全、责任主体、可追溯性 3 个方面的信息。

1. 各环节涉及质量安全信息

追溯信息应覆盖生产、加工、流通全过程，同时还应与当前国家标准或行业标准相适应。

饲料环节，应依据国务院令第 609 号《饲料与饲料添加剂管理条例》使用饲料与饲料添加剂。自产饲料原料应有影响农药残留的生产记录信息。自产饲料原料的农药使用记录内容应依据国务院《农药管理条例》和 GB/T 8321《农药合理使用准则》，包括农药名称、剂型、稀释倍数、使用方式、使用量、安全间隔期等；外购饲料或饲料添加剂应有产品检验报告。

饲养环节，应说明饲养方式是否是自繁自养、全进全出。不同饲养方式有不同的质量安全影响因素，记录内容也不同。多数牲畜养殖场采取自繁自养、全进全出方式，记录内容应包括饲料名称、配方、饮水等。

卫生防疫环节，信息包括消毒剂名称、稀释倍数、使用方式、使用量、疫苗名称、使用方式、使用量等。

兽医兽药环节，信息包括疾病诊断、兽药名称、使用方式、使用量、休药期、不良反应、病死畜处理方式等。追溯产品为活畜，则应有出栏检疫、运输、销售等。

加工信息环节，包括待宰条件，宰前及宰后检疫，消毒剂的名称、稀释倍数、使用方式、使用量，产品检验，排酸储存，包装，储运，销售等。

2. 涉及责任主体信息

责任主体信息主要包括各环节操作时间、地点、责任人等。对于农药、兽药购买记录应记录品名（通用名）、生产厂商、生产许可证号、农药登记证号或兽药批准文号、批次号或生产日期。

3. 可追溯性信息

可追溯性信息是上、下环节信息记录中有唯一性的对接内容，以保证实施可追溯。例如，兽药购买记录和兽药使用记录上均有兽药名称、生产厂商、批次号（或生产日期）；或用代码衔接，以确保所用兽药只能是某厂商生产的某批次兽药。纸质记录的可追溯性保证了电子版组件的可追溯性。

三、对应性原则

除记录信息的可追溯性外，还应在农产品质量安全追溯的实施过程中确保农产品质量安全追溯信息与产品的唯一对应。为此，应做到以下要求：

（一）各环节或单元进行代码化管理

各环节或单元的名称宜进行代码化管理，以便电子信息录入设备识别和信息传输。进行代码化管理时宜采用数字编码，编制时应通盘考虑，既简单明了、容易识别，又不易混淆。

（二）纸质记录真实反映生产过程和产品性质

纸质记录内容仅反映生产过程和产品性质中与质量安全有关的内容，与此无关的农事活动和经营内容不应列入。

若畜肉生产经营主体的纸质记录除了质量安全追溯内容外，还有其他企业认证、产品认证或经营管理需记录，则不必制作多套表格，可以制作一套表格，在其栏目上标注不同符号，如星号（＊）、叉号（×）等，以表示以上不同类型用途的记录内容。纸质记录内容被录入追溯系统时，录入人员仅录入带有质量安全追溯符号的栏目内容即可。

（三）纸质记录和电子信息唯一对应

纸质记录与电子信息必须具有唯一对应。要求电子信息录入人员收到纸质记录后需要做以下程序性工作：

1. 审核纸质记录的准确性、规范性

纸质记录是否有不准确之处，如医用兽药没使用通用名、医用兽药的施用量没使用法定计量单位、消毒剂或疫苗设立具体的休药期天数等；纸质记录的填写是否有不规范之处，如有涂改、空项等，发现后录入人员不得自行修改，应退回有关部门或人员修改。缺项的由制表人员修改表格，如兽药生产企业的生产许可证号、批准文号、批次号（或生产日期）或兽药使用的不良反应等。若表格的栏目齐全，填写有误，则退回给填写人员，让其修改或重新填写。

2. 准确录入计算机等电子信息录入设备

完成纸质记录审核后，信息录入人员应将纸质信息准确无误的录入追溯系统。同时，应采取相关措施保障电子信息不篡改、不丢失。为此，应采取以下措施：

（1）用于质量安全追溯的计算机等电子信息录入设备不允许兼用于其他经营管理。

（2）录入人员设有权限设置有个人登录密码。

（3）计算机等电子信息录入设备安装杀毒软件，以免受到攻击。

（4）有外接设备定期备份、专用备份，如硬盘、光盘。

3. 核实录入内容

纸质信息录入后，信息录入人员应对录入内容与纸质记录的一致性进行核实。若不一致，则进行修改。

四、高效性原则

随着信息化的发展，运用现代信息技术对农产品从生产到消费实行全程可追溯管理，这既是农业信息化发展的重要趋势，也是新时期加强农产品质量安全管理的必然要求。从信息化角度分析，建立农产品质量安全追溯制度的本质要求就是综合运用计算机技术、网络技术、通信技术、编码技术、数字标识技术、传感技术、地理信息技术等现代信息技术对农产品生产、流通、消费等各个环节实行标识管理，记录农产品质量安全相关信息、生产者信息，以此形成顺向可追、逆向可溯的精细化质量管控系统，建立高效、精确、快捷的质量安全追溯系统，全面提升农产品质量安全管控能力。

第四节　农产品质量安全追溯实施要求

为加深农业生产经营主体对农产品质量安全追溯的认识与理解，保障追溯体系顺利建设与实施，切实发挥农产品质量安全追溯在保质量、促安全等方面的作用，农业生产经营主体在建设追溯体系之前，应先做好以下

4 个方面准备工作：

一、依据本标准制定本企业质量安全追溯的实施计划

农业生产经营主体在建立追溯体系前应制定详尽的实施计划。实施计划主要包括以下内容：

（一）追溯产品

农业生产经营主体生产的全部产品都可实施农产品质量安全追溯，则全部产品作为追溯产品。若有部分产品无法实施追溯，则不应将此列入追溯产品。例如，活畜生产牧场出栏的活畜中部分是本牧场饲养，另有部分是收购周边农户的，对农户没有饲养过程要求，或即使有要求，但无法控制全过程，包括饲料饲养、卫生防疫、兽医兽药等，以及全过程的记录，则这部分收购的活畜不可列入追溯产品。又如，畜肉加工生产的畜肉产品，部分是本厂加工生产的，部分是委托本地或外地企业（如分厂）加工生产的，且被委托的企业尚不具备可追溯条件，则尽管产品是同一品牌，也不能将被委托企业的产品列为追溯产品。

（二）追溯规模

标明年产量、活畜生产经营主体的追溯规模是多少头（只），畜肉生产经营主体的追溯规模是多少吨。追溯规模的确定依据是在正常环境和经营条件下的生产能力，不考虑不可抗拒力的发生，如区域性瘟疫等。

（三）追溯精度

追溯精度应合理确定，不应过细或过粗。活畜生产经营主体，若不采取全进全出饲养方式，对活畜个体采用耳标管理和记录，则追溯精度可以细划到"头"，但太细会增加追溯记录的工作量。若生产经营主体的追溯精度过粗，也不合适。例如，某养殖场具有若干栋舍，且各栋舍具有不同的饲料饲养、卫生防疫、兽医兽药，而追溯精度为养殖场，不再细分，则失去追溯的意义。若采用全进全出饲养方式，追溯精度为栋舍是合适的。

（四）追溯深度

追溯深度依据追溯产品的销售情况进行确定。畜肉生产企业有直销店，则追溯深度为零售商；若无直销店，则追溯深度为批发商；若兼有直销店和批发商，或无法界定销售对象的销售方式，则追溯深度可定为初级分销商。

（五）实施内容

实施内容的全面性是保障追溯工作有效完成的基础，应包括满足农产品质量安全追溯工作要求的所有内容，如制度建设、追溯设备的购置、追溯标签的形成、追溯技术的培训等。

（六）实施进度

实施进度的制定可以确保农业生产经营主体高效地完成追溯体系建设，避免追溯体系建设拖沓不前等问题。制定实施进度时，应充分考虑自身发展情况，结合现有基础，列出所有实施内容的完成期限以及相关责任主体。

一、配置必要的计算机网络设备、标签打印设备、条码读写设备等硬件及相关软件

配置计算机等电子信息录入设备的数量应合适，追溯系统建设前应先根据生产过程确定追溯精度，养殖环节中每个精度应有一个信息采集点。例如，追溯精度为栋舍，那么每个栋舍为信息采集点；若养殖小区（内含若干栋舍）为追溯精度，则养殖小区为信息采集点。在加工环节中，每条生产线为一个信息采集点。另外，承担原料、中间产品、终产品检验以及配合卫生检疫部门完成检疫工作的检验室设立一个信息采集点；成品包装、储存（包括冷却排酸）、运输为一个信息采集点；销售为一个信息采集点。由信息采集点数量决定所用计算机等电子信息录入设备数量。若每个信息采集点各自采集或录入信息，则所用计算机等电子信息录入设备数量与信息采集点数量一样；若每个信息采集点用纸质记录，然后用一个计算机等电子信息录入设备录入，则仅需一个计算机等电子信息录入设备，如各栋舍的纸质记录由一台计算机等电子信息录入设备录入。

配置标签打印设备、条码读写设备等专用设备。专用设备配置与追溯产品每天产量、包装量、包装形式、包装规格等密切相关。通常情况下，采用纸箱、塑料筐或铝箔箱包装的分割肉产品，配置一台工业级标签打印机即可，若标签打印量大可配置多台工业级标签打印机；冷却、冷冻的白条肉、二分体肉或四分体肉产品实行软包装，采用工业化生产线进行生产，应配置喷码、激光打码等专用设备。

配置的软件系统应涵盖所有可能影响产品质量安全的环节，确保采集的信息覆盖生产、加工、流通全过程的各个信息采集点，且满足追溯精度和追溯深度的要求。

三、建立农产品质量安全追溯制度

农业生产经营主体应依据自身追溯工作特点和要求，制定产品质量安全追溯工作规范、信息采集和系统运行规范、质量安全问题处置规范（产品质量安全事件应急预案）等制度以及与其配套的相关制度或文件（如产品质量控制方案），且应覆盖追溯体系建设、实施与管理的所有内容。现分述如下：

（一）产品质量安全追溯工作规范

产品质量安全追溯工作规范内容主要包括：一是制定目的、原则和适用范围；二是开展追溯工作的组织机构、人员与职责，以及保障追溯工作持续稳定进行的措施；三是实施方案以及工作计划的制定、实施；四是制度建设的原则和程序；五是相关人员培训计划、实施；六是质量安全追溯体系自查；七是产品质量安全事件的处置。

（二）追溯信息系统运行规范

信息采集及系统运行规范内容主要包括：一是追溯码的组成、代码段的含义及长度；二是信息采集点的设置；三是纸质记录内容的设计、填写和上传；四是电子信息的录入、审核、传输、上报；五是电子设备的安全维护要求和记录；六是系统运行的维护和应急处置；七是追溯标签的管理。

（三）产品质量安全事件应急预案

产品质量安全事件应急预案内容主要包括：一是编制目的、原则和适用范围；二是应急体系的组织机构和职责；三是应急程序；四是后续处理；五是应急演练及总结。

（四）产品质量控制方案

产品质量控制方案内容主要包括：一是编制目的、依据、方法以及适用范围；二是组织机构和职责；三是关键控制点的设置；四是质量控制项目及其临界值的确定；五是控制措施、监测、纠偏、验证和记录等。

四、指定部门或人员负责各环节的组织、实施和监控

具备一定规模的农业生产经营主体宜成立相关机构（质量安全追溯领导小组）或指定专门人员负责组织、统筹、管理追溯工作，并将追溯工作

的全部内容分解到各部门或人员，明确其职责，做到既不重复，又不遗漏。一旦发生问题，可依据职责找到相关责任人，避免相互推诿扯皮，便于问题查找以及工作改进。例如，生产记录表格的设计、制定、填写、录入或归档出现问题，可根据人员分工，跟踪到直接责任人，并进行工作改进。

第二章 《农产品质量安全追溯操作规程 畜肉》解读

第一节 范 围

【标准原文】

1 范围

本标准规定了畜肉质量追溯术语和定义、要求、信息采集、信息管理、编码方法、追溯标识、体系运行自查和质量安全问题处置。

本标准适用于猪、牛、羊等畜肉质量安全追溯。

【内容解读】

1. 本标准规定内容

本标准规定的所有内容将在以下各节进行解读。

2. 本标准适用范围

本标准适用于活牲畜；屠宰后的白条肉、二分体肉、四分体肉、分割肉；畜肉加工产品，如腌腊肉制品、酱卤肉制品、熏烧烤肉制品、熏煮香肠火腿制品、肉干制品和肉类罐头等。

3. 本标准不适用范围

本标准既不适用于牲畜的头足、血、内脏和毛皮及其制品，也不适用于猪、牛、羊等畜肉非质量安全追溯规程。

第二节 术语和定义

【标准原文】

3 术语和定义

NY/T 1761 确立的术语和定义适用于本标准。

【内容解读】

1. NY/T 1761 确定的术语和定义

NY/T 1761《农产品质量安全追溯操作规程 通则》是农产品质量安全追溯操作的通用准则，内容包括术语和定义、要求、编码方法、信息采集、信息管理、追溯标识、体系运行自查和质量安全问题处置，对全国范围内农产品质量安全追溯体系的建设及有效运行起到了重要作用。NY/T 1761《农产品质量安全追溯操作规程 通则》是产品类标准制定的基础，为各产品类农产品质量安全追溯操作规程的制定起到了指导性作用。

NY/T 1761《农产品质量安全追溯操作规程 通则》确立的术语和定义有以下 8 条：

（1）农产品质量安全追溯（quality and safety traceability of agricultural products） 运用传统纸质记录或现代信息技术手段对农产品生产、加工、流通过程的质量安全信息进行跟踪管理，对问题农产品回溯责任，界定范围。

（2）追溯单元（traceability unit） 在农产品生产、加工、流通过程中不再细分的单个产品或批次产品。

（3）追溯信息（traceability information） 可追溯农产品生产、加工、流通各环节记录信息的总和。

（4）追溯精度（traceability precision） 可追溯农产品回溯到产业链源头的最小追溯单元。

（5）追溯深度（traceability depth） 可追溯农产品能够有效跟踪到的产业链的末端环节。

（6）组合码（combined code） 由一些相互依存并有层次关系的描述编码对象不同特性代码段组成的复合代码。

（7）层次码（layer code） 以编码对象集合中的层次分类为基础，将编码对象编码成连续且递增的代码。

（8）并置码（coordinate code） 由一些相互独立的描述编码对象不同特性代码段组成的复合代码。

2. NY/T 1431 确定的术语和定义

NY/T 1761《农产品质量安全追溯操作规程 通则》中引用了 NY/T 1431—2007《农产品追溯编码导则》，其在术语和定义中确立的术语和定义有以下 3 条：

（1）可追溯性（traceability） 从供应链的终端（产品使用者）到始

端（产品生产者或原料供应商）识别产品或产品成分来源的能力，即通过记录或标识追溯农产品的历史、位置等的能力。

（2）农产品流通码（code on circulation of agricultural products）农产品流通过程中承载追溯信息向下游传递的专用系列代码，所承载的信息是关于农产品生产和流通两个环节的。

（3）农产品追溯码（code on tracing of agricultural products）　农产品终端销售时承载追溯信息直接面对消费者的专用代码，是展现给消费者具有追溯功能的统一代码。

【实际操作】

1. 可追溯性

畜肉产品的可追溯性是指从供应链的终端（产品使用者）到始端（产品生产者或原料供应商）识别产品或产品成分来源的能力。畜肉供应链的终端（产品使用者）包括批发商、零售商（如屠宰厂的直销店）和消费者（如机关、学校等）。始端（产品生产者或原料供应商）所指的产品生产者包括养殖场（或养殖小区、养殖户）、屠宰厂等产品生产者；原料供应商包括饲料原料生产的农场或农户、配合饲料供应商（包括饲料添加剂供应商）、农药供应商、兽药（医用兽药、疫苗、消毒剂、诊断试剂）供应商以及加工过程中使用的食品添加剂供应商。

识别产品或产品成分来源的能力，是指与质量安全有关的产品成分及其来源，通过质量安全追溯达到可识别的能力。以下举例说明：

（1）畜肉中农药残留（以下简称农残）的来源包括饲料中农药，以及被当作兽药使用的农药。其来源可能是农药供应商添加了农药名称以外的农药，或供应的农药不纯，含有其他农药成分；也可能是农药使用者没按照国家标准规定使用（如农药的剂型、稀释倍数、使用量、使用方式等）、使用了国家明令禁用农药或没按安全间隔期规定收割饲料原料；也可能是追溯产品的农残检验不规范。

（2）兽药残留（以下简称兽残）的来源可能是兽药供应商添加了兽药名称以外的兽药，或供应的兽药不纯，含有其他兽药成分；也可能是兽药使用者没按照国家标准规定使用（如兽药的使用量、使用方式等）、使用国家明令禁用兽药或没按休药期规定屠宰牲畜；也可能是追溯产品的兽残检验不规范。

（3）其他，如畜肉中的金属物质或注水，则来源为屠宰加工；疫病来源于卫生防疫、检疫（出栏检疫、宰前检疫、宰后检疫）；致病微生物来源于活畜的饲料和饮水、屠宰厂清洗、检验等。

所有这些来源分析是通过产业链各环节的信息记录或产品标识追溯到产业链内的工艺段，即通过质量安全信息从产业链终端向始端回溯，从而构成农产品的可追溯性。

2. 农产品流通码

农产品流通码的信息包括农产品生产和流通两个环节的信息，该信息是从始端环节向终端环节传递的顺序信息。

畜肉生产环节代码包括生产者代码、产品代码、产地代码和批次代码。农产品流通码对一个生产经营主体来说是唯一性的。生产经营主体可采用国际公认的 EAN·UCC 系统。EAN 是联合国的编码系统（国际物品编码协会），UCC 是美国的编码系统（美国统一代码委员会），两者结合组成 EAN·UCC 系统。EAN·UCC 是国际通用编码系统。企业按此编码符合国际贸易的要求，可在出口产品中采用该编码。

（1）EAN·UCC 系统　EAN·UCC 系统包括应用标识符、标识代码类型、代码段数、代码段内容以及代码段中数字位数等。常用的 EAN·UCC 系统主要有以下 2 种：

①EAN·UCC-13 代码。EAN·UCC-13 代码是标准版的商品条码，由 13 位数字组成，包括前缀码（由 EAN 分配给各国或地区的 2～3 位数字，在 2002 年前中国是 3 位数 690～695）、厂商识别代码（由中国物品编码中心负责分配 7～9 位数字）、商品项目代码（由厂商负责编制若干位数字）和校验码（1 位数字）。

②EAN·UCC-8 代码。EAN·UCC-8 代码是缩短版的商品条码，由 8 位数字组成，包括商品项目识别代码（由中国物品编码中心负责分配 7 位数字）和校验码（1 位数字）。

（2）我国国际贸易农产品流通码　农产品流通码的组成见图 2-1。

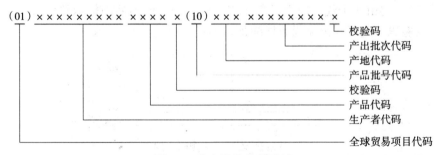

图 2-1　农产品流通码示例

生产者代码和产品代码处于全球贸易项目代码的应用标识符 AI（01）之中，该标识符可用于定量贸易项目，其第一个数字代码（即生产者代码

的第一个数字代码为 0～8）；也可用于变量贸易项目，其第一个数字代码
（即生产者代码的第一个数字代码为 9）。生产者代码段有 7～9 位数字
（可用 0 表示预留代码），产品代码段有 3～5 位数字（可用 0 表示预留代
码），2 个代码段结束处设校验码（1 位数字）。

产地代码和产出批次代码处于全球贸易项目代码的应用标识符 AI
(10) 之中，其中产出批次代码中可加入生产日期代码（6 位数字，即前 2
位为年份的后 2 个数字，如 2018 年的年份代码是 18；然后是 2 位月份代
码和 2 位日数代码），2 个代码段结束处设校验码（1 位数字）。

以上内容的畜肉生产环节流通码由生产经营主体结束生产时编制
完成。

畜肉流通环节代码包括批发、零售、运输、分装等环节的代码，其内
容为流通作业主体代码、流通领域产品代码、流通作业批次代码，这些代
码对一个流通部门来说是唯一性的。

流通作业主体代码、流通领域产品代码处于全球贸易项目代码的应用
标识符 AI (01) 之中。流通作业批次代码处于全球贸易项目代码的应用
标识符 AI (10) 之中，其可加入生产日期代码。

以上内容的畜肉流通环节流通码由流通部门结束流通时编制完成。

畜肉生产环节和畜肉流通环节流通码也可合二为一，由流通部门向生
产经营主体提供必要的流通领域诸代码，生产经营主体在完成生产时编制
一个体现生产和流通两方面内容的代码，其形式为生产领域的流通码，即
4 个代码段，在生产者、产品、产地和产出批次代码段中加入流通领域的
内容。

3. 农产品追溯码

追溯码是提供给消费者、政府管理部门的最终编码。追溯码的组成见
图 2-2，仍由 4 个代码段组成，与流通码一样，但不使用标识符，仅有一
个校验码。追溯码由流通码压缩加密形成。

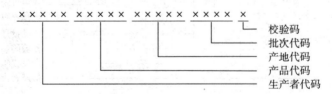

图 2-2　农产品追溯码示例

4. 追溯单元

追溯单元为农产品生产、加工、流通过程中不再细分的管理对象。

农产品生产、加工、流通过程中具有多个工艺段。这些工艺段可以是

技术性的，也可以是管理型的，统称为管理对象。其划分的粗细按其技术条件或管理内容而分，一个追溯单元内的个体具有共同的技术条件或管理内容。例如，在猪的养殖过程中，每头猪都有耳标，若每头猪不一定处于相同的饲养条件下，则追溯单元为个体；若猪舍管理实施全进全出，病死猪淘汰，则追溯单元为猪舍；若整个养殖场采用统一的饲料饲养、卫生防疫、兽医兽药，则追溯单元为养殖场。

一个追溯单元有一套记录，适用于该追溯单元内的每个个体。追溯单元的划分是确定追溯精度的前提。

5. 批次

批次为由一个或多个追溯单元组成的集合，常用于产品批次。尽管每个追溯单元具有自己的技术条件或管理内容，且有别于其他追溯单元，但农产品生产、加工、流通过程是连续的物流过程，可分为多个阶段。当一个追溯单元的产品进入下一个阶段时，因技术条件或管理内容而不得不与其他追溯单元的产品混合时，就形成混合产品，即成为批次。以猪的养殖为例，当成品猪出栏后的运输是每年每次仅运同一个猪舍的猪，可以一车或几车，但不同猪舍的猪不混运在同一个车内，则一个猪舍的猪作为生猪的批次。若不同猪舍的猪混运，则养殖场的猪作为生猪的批次。

批次可作为追溯精度。

6. 记录信息

记录信息指农产品生产、加工、流通中任何环节记录的信息内容。生产经营主体在管理中应根据《农产品质量安全法》，做好记录。记录内容包括与产品质量安全有关的信息，如生产资料的技术内容、工艺条件等；也包括与产品质量安全无关的信息，如职工的工作量、生产资料的收购价等。前者可用于质量安全追溯，后者则不用于质量安全追溯，仅用于经营管理。生产经营主体为了记录的方便，往往是这两方面内容列为一个记录，而不分别记录。

7. 追溯信息

追溯信息为具备质量安全追溯能力的农产品生产、加工、流通各环节记录信息的总和，即可用于质量安全追溯的记录信息。依据质量安全追溯的内容，即确定追溯产品的来源、质量安全状况、责任主体，追溯信息应满足该内容的要求。因此，追溯信息应包括3个方面内容：

（1）环节信息 即信息是记录在哪一环节。环节的划分依据如下：

①应反映生产组织形式。例如，兽药购入由单独的部门完成，然后分发给兽药使用者，则兽药购入和兽药使用为两个环节。若兽药使用者自行购入兽药，则兽药购入和兽药使用合为一个环节。

27

②相同技术条件或管理内容的部门可归为一个环节。例如，全进全出的各育肥猪舍具相同技术条件或管理内容，可合并为一个环节。

③结合追溯精度，可以细分或粗合。环节信息须唯一地反映该环节，信息内容应具体，可用汉字，也可用数字（应在质量安全追溯制度中写明该数字的含义）。如第 1 养殖场第 05 号猪舍或 1—05。

（2）责任信息　即时间、地点、责任人，以便发生质量安全问题时可依此确定责任主体。其中，责任人包括质量安全追溯工作的责任人以及生产投入品供应企业责任人（该企业名称）。

（3）要素信息　反映该环节的技术要素或管理要素。要素信息应满足质量安全追溯的要求，如兽药使用的品名、剂型、使用量、使用方式、休药期等。

8. 追溯精度

（1）追溯精度的定义　农产品质量安全追溯中可追溯到产业链源头的最小追溯单元。这最小追溯单元基于生产实践，目前生产水平和管理方式尚未完全摆脱粗放模式的影响。生产经营主体的记录可精确到生产者农户、农户组或饲养区；可精确到牲畜饲养的个体、栋舍或饲养场。

（2）确定追溯精度的原则　生产经营主体可依据自身生产管理现状，为满足追溯精度要求，对组织机构、工艺段和工艺条件作出小幅度更改。不必为质量安全追溯花费大量资金及人力，以致影响经济效益。因此，全国范围内畜肉生产经营主体的质量安全追溯模式不完全相同，各有符合本单位的特色。追溯精度也如此，各生产经营主体的追溯精度可以不同。追溯精度的放大和缩小各有利弊。

①追溯精度放大的优点是管理简单、记录减少。例如，畜肉生产经营主体的追溯精度确定为饲养场，则饲养场内的饲料饲养、卫生防疫、兽医兽药均为统一；饲养场内生产人员可随时换岗；追溯信息的记录只需一套；牲畜运输时，本饲养场的牲畜可以随意混运；屠宰厂的待宰场不必分区；屠宰成的分体肉、分割肉可以混合。总之，只要是同一养殖场的牲畜，宰前、宰后的产品均可混合，这便于生产和管理。但其缺点是一旦发生质量安全问题，查找原因、责任主体、改进工作与奖惩制度的执行都较困难。再则，发生质量安全问题的产品数量大，涉及的批发商或零售商多，召回的经济损失大，对生产经营主体的负面影响太大。

②追溯精度缩小的优缺点正好与之相反。因此，在管理模式和生产工艺不作重大变更的前提下，合理确定追溯精度是每个畜肉生产经营主体实施质量安全追溯前必须慎重解决的问题。

鉴于以上所述优缺点，一般来说，产品质量安全可控性强、管理任务又较繁重的单位,追溯精度可以放大点。而产品质量安全可控性差、管理任务又不太繁重的单位,追溯精度可以缩小点。另外,随着国内外贸易的扩展和质量安全追溯的深化,加工企业应改进管理和工艺,使追溯精度更小。当加工企业工艺变化或销售方式变化影响可追溯性时,及时通知畜肉生产经营主体对追溯精度作出相应变化,以便追溯工作的实施与管理。从而促使追溯精度与实际生产过程相匹配,推进质量安全追溯发展,赢得消费者的赞赏。

9. 追溯深度

追溯深度为农产品质量安全追溯中可追溯到的产业链的最终环节。以生产经营主体作为质量安全追溯的主体,追溯深度有以下 5 类:

(1) 加工企业 实施质量安全追溯的牲畜生产经营主体,其追溯产品活畜销售给畜肉加工厂,追溯深度为加工企业;或实施质量安全追溯的屠宰厂,其追溯产品分割肉、冷却肉或冷冻肉销售给非畜肉加工的食品加工厂,如方便面生产企业,追溯深度也为加工企业。

(2) 批发商 实施质量安全追溯的牲畜生产经营主体或畜肉加工厂,其追溯产品销售给批发商,追溯深度为批发商。

(3) 零售商 实施质量安全追溯的畜肉加工厂,其追溯产品销售给直销店或零售商,追溯深度为零售商。

(4) 分销商 实施质量安全追溯的畜肉加工厂,其追溯产品销售给批发商及分销商,追溯深度为分销商。

(5) 消费者 实施质量安全追溯的畜肉加工厂,其追溯产品直接销售给消费者,追溯深度为消费者。

10. 代码

代码是农产品质量安全追溯中赋值的基本形式。只有使用代码才能实施信息化管理,才能实施追溯。现分以下 2 个方面叙述代码的基本知识:

(1) 代码的基本知识

①代码表示形式。由于代码需表示诸多不同类型的内容,因此,其表示形式有以下 4 种:

(a) 数字代码(又称数字码)。这是最常用的形式,即用一个或数个阿拉伯数字表示编码对象。数字代码的优点是结构简单,使用方便,排序容易,便于推广。在应用阿拉伯数字时,对"0"不予赋值,而是作为预留位的数字,以便今后用其他数字代替,赋予一定含义或数值。

(b) 字母代码(又称字母码)。用一个或数个拉丁字母表示编码对象。字母代码的优缺点如下:

优点一是容量大,两位字母码可表示 676 个编码对象,而两位数字码仅能表示 99 个编码对象；二是有时可提供人们识别编码对象的信息，例如 BJ 表示北京，TJ 表示天津，便于人们记忆。

缺点是不便于计算机等数据采集电子设备的处理。尤其当编码对象数目较多、添加或更改频繁、编码对象名称较长时，常常会出现重复或冲突。因此，字母代码经常用于编码对象较少的情况。即使在这种情况下应用，尚须注意以下几点：

——当字母码无含义时，应尽量避免使用发音易混淆的字母，如 N 和 M，P 和 B，T 和 D；

——当出现 3 个或更多连续字母时，应避免使用原音字母 A、O、I、E、U，以免被误认为简单语言单词；

——在同一编码方案中应全部使用大写字母或小写字母，不可大小写字母混用。

（c）混合代码。（又称数字字母码或字母数字码）。一般不使用混合代码，只有在特殊情况下才使用，如出口畜肉需使用国际规定的流通码。混合代码指同时包括数字和字母的代码，有时，还可有特殊字符。这种代码同时具有数字代码和字母代码的优缺点。编制混合代码时，应避免使用容易与数字混淆的字母，如字母 I 与数字 1，字母 Z 与数字 2，字母 G 与数字 6，字母 B、S 与数字 8；还应避免使用相互容易混淆的字母，如字母 O 和 Q。

（d）特殊字符。部分特殊字符（如 &、@ 等）可用于混合代码中增加代码容量。但连字号（——）、标点符号（，。、等）、星号（＊）等不能使用。

②代码结构和形式。代码的结构包括其中有几个代码段组成、每个代码段的含义、这些代码段的位置、每个代码段有多少字符。例如，农产品追溯码由 4 个代码段组成，从左到右代码段的名称依次为生产者代码段、产品代码段、产地代码段、批次代码段（图 2-2）。每个代码段内字符数由具体情况而定。

③代码长度。代码长度指编码表达式的字符（数字或字母）数目，可以是固定的或可变的。但为了便于信息化管理，宜采用固定的代码长度，对当前不用而将来可能会用的代码长度，可以用"0"作为预留。例如，畜肉产品代码段，当前仅有 5 个品种，只需 1 位代码长度；若考虑将来品种会增加到 15 种，则应有两位代码长度，当前产品代码为 01 至 05。需要注意的是，代码长度不应过长，这不利于电子信息的管理。

（2）质量安全追溯中所用代码

①组合码。组合码为由一些相互依存的并有层次关系的描述编码对象

不同特性代码段组成的复合代码。例如，生产者的公民身份证编码采用组合码，见表 2-1。

表 2-1 　公民身份证码

公民身份证码	含义
××××××××××××	公民身份证码的 18 位组合码结构
××××××	行政区划代码
××××××××	出生日期
×××	顺序码，其中奇数表示男性，偶数表示女性
×	校验码

　　该组合码分为 4 个代码段，共 18 位。前 2 个代码段分别表示公民的空间和时间特性，第三个代码段依赖于前 2 个代码段所限定的范围，第四个代码段依赖于前 3 个代码段赋值后的校验计算结果。

　　又如，畜肉追溯码，见表 2-2。

表 2-2 　畜肉追溯码

追溯码	含义
×××××××××××××××××××××××××	畜肉追溯码的 25 位组合结构
××××××	从业者代码
××××	产品代码
××××××	产地代码
××××××××	批次代码
×	校验码

　　该组合码分为 4 个代码段，共 25 位。第一个代码段是从业者代码段表示畜肉生产经营主体，包括经营者、生产者和经销商的全部或部分。第二个代码段是产品代码段，表示畜肉产品的代码。第三个代码段是产地代码段，表示追溯产品生产地的代码，可用国家规定的行政区划代码，如以下所述的层次码。第四个代码段是批次代码段，如以下所述的并置码。第五个是校验码，依赖于前 4 个代码段 24 个代码赋值后的校验计算结果。

　　②层次码。层次码为以编码对象集合中的层次分类为基础，将编码对象编码成连续且递增的代码。如产地编码，采用 3 层 6 位的层次码结构。每个层次有 2 位数字，从左到右的顺次分别代表省级、市级、县级。较高层级包含且只能包含较低层级的内容，内容是连续且递增的，组成层次码，表示某县所属市、省，表达一个有别于其他县的确切唯一的生产地点。

例如，北京市的省级代码为 11，下一层市辖区的市级代码为 01，下一层东城区的县级代码为 01，因此生产地点在北京东城区的代码为 110101。

③并置码。并置码为由一些相互独立的描述编码对象不同特性代码段组成的复合代码。如批次编码，采用 2 个代码段。第一个代码段为批次，用数字码，其位数取决于 1d 内生产的批次数，可用 1 位或 2 位。第二个代码段是生产日期代码，采用 6 位数字码，分别表示年（年号的后 2 位数）、月、日，各用 2 位数字码。批次代码段和生产日期代码段是具不同特性的，批次与生产线、生产设施有关，而生产日期仅是自然数。

第三节　要　　求

一、追溯目标

【标准原文】

4.1　追溯目标

追溯的畜肉可根据追溯码追溯到各个养殖、加工、流通环节产品、投入品信息及相关责任主体。

【内容解读】

1. 追溯码具有完整、真实的信息

追溯码追溯信息的完整、真实是保证能够根据追溯码进行追溯的基础，也是实施质量安全追溯的前提条件。如果没有完整和真实的追溯信息，顺向可追、逆向可溯便无从谈起。因此，对追溯码具有的追溯信息有以下要求：

（1）追溯信息应具有完整性　完整性是指信息覆盖养殖、加工和流通整个产业链的所有环节。在信息内容上，应包括产品、投入品等所有追溯信息。即与追溯产品质量安全有关的信息。同时，还应包括明确的责任主体信息。

（2）追溯信息应具有真实性　真实性是指电子信息和纸质信息保持一致，且符合实际生产、管理情况。

2. 追溯方式

质量安全追溯是依据追溯信息，从产业链终端向始端进行客观的分析、判定过程。生产经营主体应明确追溯产品的物流和信息流，然后从产业链的终端向始端方向追溯。例如，猪肉屠宰厂的追溯产品为冻片猪肉，执行的产品标准为 GB 9959.1—2001《鲜、冻片猪肉》，生产流包括 8 个环节，分属于养殖场 1 个，运输单位 1 个，肉类加工厂 6 个。对应设立与质量安全有关的信息采集点为 6 个，组成信息流，如图 2-3 所示。

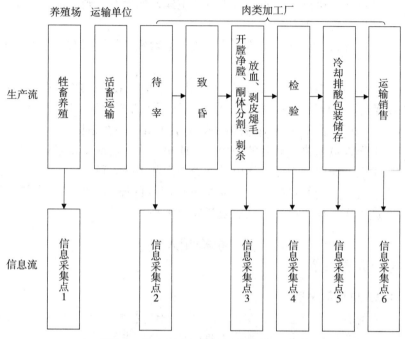

图 2-3　猪肉屠宰厂物流和信息流示意图

当某市售冻片猪肉的型式检验查出其中土霉素残留量为 $150\mu g/kg$，超过农业部令第 235 号规定的限量 $100\mu g/kg$ 时，企业就须实施追溯。步骤如下：

（1）检验环节　由于土霉素不会在运输销售、冷却排酸包装储存环节发生，因此，最后端是检验环节，从信息采集点 4 查找。发生土霉素超标的原因有三个或其中之一：

①检验有误，检验结果低于 $100\mu g/kg$，误认为合格产品。原因包括检验方法应用错误、检验操作不当、检验结果计算不准等。为此，应规范所有检验因素，包括方法、人员、操作、仪器、量具和计算等。

②检验样本量不足，所检样品合格，而不合格样品未检验、漏检；样品合格不能代表产品合格。为此，加大随机抽样量，使样品的检验结果能代表产品质量。

③样品均质不当，取样部位代表性差、样品混合和均质不准，使本来能代表产品的样品得不到质量均匀的实验室样品，导致错误结果。为此，

33

应随机取样，并充分均质化。

鉴于以上原因，责任主体应是检验人员。

然后向前追溯，待宰的信息采集点2，检查记录是否喂食过土霉素。如有，则待宰的执行部门和个人为责任主体；如没有，则向前追溯到牲畜饲养的信息采集点1。

（2）牲畜饲养环节　在该环节造成土霉素残留的原因有以下两点或其中之一：

①在休药期内出栏，工作人员使用土霉素注射液。按农业部公告第278号规定，其休药期为28d，工作人员误用土霉素片的7d休药期，于用药后10d出栏，待宰不到1d就屠宰，造成土霉素残留超标。

②工作人员未执行规定的使用量、使用方式，造成土霉素残留超标。

鉴于以上原因，责任主体应是饲养部门和工作人员。

质量安全追溯的目的是找出质量安全问题的原因，明确其责任主体，以便改进工作，提高追溯产品的质量安全水平。

二、机构和人员

【标准原文】

4.2　机构和人员

追溯的畜肉生产企业、组织或机构应指定机构或人员负责追溯的组织、实施、监控、信息的采集、上报、核实和发布等工作。

【内容解读】

设立机构和指定人员是从组织上保证农产品质量安全追溯工作顺利进行的重要举措。具备一定规模的生产经营主体应设置专门机构（如质量安全追溯办公室）或指定专门人员负责组织、管理追溯工作；规模较小的生产经营主体应指定专门人员负责农产品质量安全追溯工作的实施。

1. 机构和人员的职责

机构和人员的职责应满足以下要求：

（1）职责明确　依据农产品质量安全追溯的要求，将整个工作（制度建设、业务培训、追溯系统网络建设、系统运行与管理、信息采集及管理等）分解到各个部门，落实到每个工作人员。职责既不可空缺，也不可重复，以便工作失误的责任界定。例如，生产记录表格的设计定稿、填写人员等，都应明确责任主体。一旦发生不可追溯，若是由记录人员的填写错误所致，则由记录人员负责；若是记录表格缺少应有项目致使追溯中断，则由设计定稿人员负责。再如，为保证培训效果以及培训的针对性，培训时应明确培训计划、授课人、授课对象等。若存在工作人员操作不当或操作不熟练的现象，培训计划应有操作相关内容，且听课人在培训签到表上签字；若培训计划有操作相关内容，授课人培训时未对该部分内容进行充分讲解，导致听课人未能充分理解，则授课人对此负责，并进行重新培训；若培训计划中未列入该内容，则培训计划制定人对此负责。总之，职责明确是保证质量安全追溯工作顺利进行的关键。

（2）人员到位 追溯工作分解到人时，应将全部工作明确分给各工作人员。工作分解到人可以有两种表示方式：

①明确规定某职务担任某项工作。这种"定岗定责"方式的优点是，当发生人员变动时，只要该职务不废除，谁承担该职务，谁就承担该工作，不至于由于人员变动导致无人�@于相关工作的局面，从而影响追溯工作的有效衔接。

②明确担任某项工作人员的姓名。这种表示方式的优点是直观，但当发生人员变动时，需及时修改相关任命文件。

2. 工作计划

（1）工作计划的制订 农业生产经营主体在制订工作计划时应根据自身生产实际，将全部质量安全追溯工作内容纳入计划、统筹考虑，并确定执行时间（依据轻重缓急和任务难易可按周、月或季执行）、执行机构或人员、执行方式等。

（2）工作计划的执行 执行工作计划时，应记录执行情况，包括内容、执行部门或人、执行时间和地点以及完成及改进情况等。

（3）工作计划的监管检查 监管检查时，应形成检查报告，包括检查机构或人员、检查时间、检查内容、检查结果，以便后续改进。

3. 信息的采集、上报、核实和发布

由于信息采集人员是接触信息的一线人员，其采集的信息的真实性、完整性直接影响追溯工作的顺利进行。因此，在指定机构和人员负责追溯工作的文件中应明确信息采集人员，以便在出现问题时直接找到相关责任人。信息采集人员对信息记录的真实性、完整性负责。

三、设备和软件

【标准原文】

4.3 设备与软件

追溯的畜肉生产企业、组织或机构应配备必要的计算机、网络设备、标签打印机、条码读写设备等，相关软件应满足追溯要求。

【内容解读】

1. 计算机等电子设备

计算机等电子设备是农产品质量安全追溯的重要组成部分，是快速、有效地进行信息采集、信息处理、信息传输和信息查询的信息化工具，普遍应用于农产品质量安全追溯中。计算机示例见图2-4。

图 2-4　计算机示例

2. 移动数据采集终端（PDA、手持终端、手持机）

移动数据采集终端是快速、高效、便携的电子设备，它可用于产业链过程中各环节电子信息的采集。如饲料种植和收获；饲料混配的配方；饲养、卫生防疫和兽药兽医信息的采集；储存、运输和销售的畜肉产品信息的采集，包括出入库、储存条件；运输车船号；畜肉产品追溯码（一维码和二维码）、销售数量和去向等（图2-5）。

3. 工控机

工控机是用于特殊环境下的信息化工具，如低温排酸间、冷藏库、高温杀灭菌车间等（图2-6）。它与普通计算机的差别如下：

图 2-5　移动数据采集终端示例

（1）外观　普通计算机是开放、不密封的，表面有较多散热孔，有一个电源风扇向机箱外吹风散热。而工控机机箱则是全密封的，所用的板材

图 2-6　工控机示例

较厚，更结实，重量比普通计算机重得多，可以防尘，还可屏蔽环境中电磁等对内部的干扰。机箱内有一个电源用的风扇，可保持机箱内更大的正压强风量。

（2）结构　相对于普通计算机，工控机有一个较大的母板，有更多的扩展槽，CPU 主板和其他扩展板插在其中，这样的母板可以更好地屏蔽外界干扰。同时，电源用的电阻、电容和电感线圈等元器件级别更高，具有更强的抗冲击、抗干扰能力，带载容量也大得多。

4. 网络设备

网络设备的合理运用可保证网络通信的有效和畅通。应建立有效的通信网络，使各信息采集、信息传递渠道畅通。可采用以下 4 种方式：

（1）通过 ADSL 上网

（2）通过光纤方式上网

（3）建立局域网　对于在一栋建筑物内、信息交换比较频繁的场所，应建立局域网，实现实时共享，减少各采集点数据导入、导出等操作。

（4）无线上网　对于不具备以上条件、信息交换又比较频繁的场所，应采用之。

5. 标签打印机

追溯产品为预包装食品（如分割肉），且包装容器（如纸箱等）利于粘贴标签，则应配备标签打印机（图 2-7）。标签打印机数量根据生产经营主体日产量、日包装量和日销售量等生产实际情况配置。在条件允许情况下，生产经营主体宜配置一台备用机，以应对突发状况。

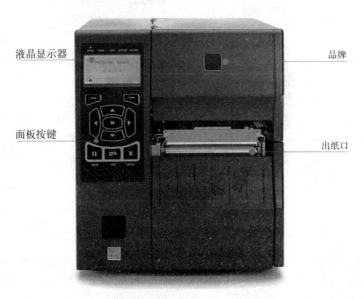

图 2-7　标签打印机示例

6. 喷码机或激光打码机

喷码机是运用带电的墨水微粒，依据高压电场偏转的原理，可在各种不同材质的包装表面上非接触地喷印图案、文字和代码。喷码机型式多样，有小字符系列（图 2-8）、高清晰系列、大字符系列等。当追溯产品为裸装、塑料袋或编织袋包装时（如白条肉、二分体肉或四分体肉等），不适宜粘贴标签时，则应配备喷码机。

图 2-8　小字符系列喷码机示例

激光打码机使用软件偏转激光束,利用激光的高温直接烧灼需标识的产品表面,形成图案、文字和代码。与普通的墨水喷码机相比,激光喷码机的优点如下:

(1) 降低生产成本,减少耗材,提高生产效率。

(2) 防伪效果很明显,激光喷码技术可以有效地抑制产品的假冒标识。

(3) 能在极小的范围内喷印大量数据,打印精度高,喷码效果好,美观。

(4) 设备稳定度高,可24h连续工作,激光器免维护时间长达2万h以上。温度适应范围宽(5~45℃)。

(5) 环保、安全,不产生任何对人体和环境有害的化学物质,是环保型高科技产品。

激光打码机示例见图2-9。

图2-9 激光打码机示例

当追溯产品采用塑料包装时,塑料封口机可与喷码机或激光打码机组成一体机,便于操作和打印计数。

7. 条码识别器(又称条码阅读器、条码扫描器)

条码是将线条与空白按照一定的编码规则组合起来的符号,用以代表一定的字母、数字等资料。在进行识别时,使用条码识别器扫描,得到一组反射光信号,此信号经光电转换后变为一组与线条、空白相对应的电子信号,经解码后还原为相应的数字和文字,然后传入计算机。条码识别器可用于识别条码（即一维条码）和二维码（即二维条码）。一维条码识别器示例见图 2-10，二维条码识别器示例见图 2-11。

图 2-10　一维条码识别器示例　　　　图 2-11　二维条码识别器示例

8. 软件

软件系统的科学合理性直接关系质量安全追溯工作的成效。软件系统的开发设计应以生产实际需求为导向，采用多层架构和组件技术，形成从养殖记录到市场监管一套完整的农产品质量安全追溯信息系统。软件系统定制时，生产、加工过程中各投入品的使用以及产品检测等为必须定制项目，其他不影响产品质量安全的环节，则可选择性定制。同时，软件系统应满足其追溯精度和追溯深度的要求。

四、管理制度

【标准原文】

4.4　管理制度

追溯的畜肉生产企业、组织或机构应制定产品质量追溯工作规范、信息采集规范、信息系统维护和管理规范、质量安全问题处置规范等相关制度，并组织实施。

【内容解读】

标准原文所述的 4 个方面制度内容是质量安全追溯制度的基本内容，还可增加其他制度实施管理。产品质量安全追溯工作规范规定质量安全追溯的总体要求，设计质量安全追溯内容的总体管理。信息采集规范是实施质量安全追溯的基本条件，包括电子信息和纸质信息的采集内容、方式、传输。信息系统维护和管理规范是质量安全追溯实施的核心，即为保证信息系统的高效、准确运行而应采取的日常管理和维护方法。质量安全问题处置规范是一旦质量安全追溯产品发生质量安全问题,如何应用追溯码及所反映的信息对该追溯产品的处置。

【实际操作】

信息采集规范可以与信息系统维护和管理规范合并成一个制度叙述。质量安全问题处置规范可以放在产品质量安全事件应急预案内,作为其中一个内容叙述。以下叙述制度的管理和内容叙述如下:

1. 管理制度

管理是社会组织中,为了实现既定目标,以人为中心进行的控制与协调活动。畜肉生产经营主体为了不同的目标,实施不同的管理模式。例如,新中国成立初期生产企业实施过"全面质量控制"(TQC),而当今又有"危害分析与关键控制点"(HACCP)等。为规范农产品质量安全追溯的实施,保障追溯体系的运行,同样需要制定一套管理制度。它与其他企业管理有共性,也有个性。生产经营主体实施质量安全追溯管理是建立在以往各种管理模式中积累的经验基础之上的。企业应依托现有基础,认真学习与领会质量安全追溯管理的个性,即与其他管理模式不同的特点,从而制定追溯相关制度。制度的管理包括 4 个环节,即制定、执行、检查和改进。

(1)制定 制定制度时应按照"写我所做、写我能做"的要求,涵盖质量安全追溯工作实际的所有内容,并确立明确的目标要求以及达到目标所应采取的措施,包括组织、人员、物质、技术、资金等。制度中所确立的目标应在生产经营主体能力范围内,且是必须达到的目标要求,而不切实际的目标和内容一律不得列入制度文件中,如追溯产品质量控制方案中列出的控制大气污染等。此外,不影响目标实施以及产品质量安全的内容也可以不在制度中列出。

(2)执行 指定的机构或人员应按照制度文件进行执行。当执行过程中发现制度内容与生产经营主体生产实际不符时,应告知相关人员对制度文件进行修订。指定机构或人员执行与否依据执行记录进行判定。

以追溯技术培训为例,追溯技术培训是每个质量安全追溯生产经营主体必须进行的一项工作,同时也是非常重要的一项工作。当执行追溯技术培训这项具体工作时,应有培训计划、培训通知、授课内容、听课人签到及其相关证明材料。同时,培训结束后应有相应的总结。

需要注意的是,因计划属于预先主观意识,执行属于客观行为,在执行过程中允许与计划有所出入、差别。俗话说"计划赶不上变化",从唯物辩证观点出发,一切以实际为准,以达到预期目标为准。

（3）检查　相关工作结束后，需对执行效果与制度文件中确立的目标进行对比评估，分析不足、总结经验。例如，对追溯技术培训的培训人员相关操作的准确性及熟练性进行检查，评估是否达到预期的效果。

（4）改进　除了规范追溯体系实施、促进追溯理念发展、推广经验外，更重要的是，纠正具体实践中发现的问题以及改进制度制定、执行中的不足。例如，追溯技术培训后，若检查时发现培训效果欠佳，仍有部分人员对追溯相关技术不甚理解、熟练，则下次培训时仍需进行再次培训。即不断发现问题、改进问题的过程。

改进不是一劳永逸的，需在后续的工作中循环制定、执行、检查和改进这一程序，直至达成既定目标。

农产品质量安全追溯制度的制定首先要立足于自身的生产实际与需求，同时，还应结合相关部门发布的有关农产品质量安全追溯工作文件。为确保追溯工作的顺利开展，需要制定质量安全追溯工作规范、信息采集规范、信息系统维护和管理规范、质量安全问题处置规范等制度，以上制度构成了质量安全追溯的最基本制度。此外，还可以制订与制度相配套的工作方案等，如产品质量控制方案。

2. 基本制度

（1）**质量追溯工作规范**　质量安全追溯工作规范作为追溯工作的基本制度，其规范的对象是"追溯工作"，涉及质量安全追溯的所有工作，管理范畴无论在空间上、还是在时间上都更为宽泛。由于有其他 3 个制度，因此它的内容包括其他 3 个制度以外的所有内容，即质量安全追溯的组织机构、人员与职责；制度建设原则与程序；工作计划制订与实施；人员培训；追溯工作监督与自查，以及有关管理、操作、监督部门的职责等。同时，还应注意它与其他具体制度性管理文件的相关关系。

（2）**追溯信息系统运行规范**　该制度内容包括信息采集点的设置；信息采集内容；传输方式；纸质信息和电子信息安全防护要求；上传时效性要求；专用设备领用、维护记录；系统运行维护；追溯码的组成、代码的含义；标签打印机的维护、标签打印使用记录，以及有关管理、操作、监督部门的职责等，如纸质记录的记录表格设计、记录规范、记录时限、交付电子录入人员时限；电子录入人员的纸质记录审核、软件的确定和应用、备份的设备要求、备份的时限、电子信息安全措施、电子信息上传时限。

（3）**产品质量控制方案**　该制度制定时需依据追溯产品的有关法律法规和标准，结合生产经营主体的实际情况。因此，同样是畜肉生产企业，产品质量控制方案也不尽相同。

在条款内容上，应包括编制依据、适用范围、组织机构与职责、关键控制点设置、控制目标（安全参数和临界值或技术要求）和监控（检验）方法、控制措施、纠偏措施、实施效果检查等内容要求。

在技术内容上，应包括符合生产经营主体生产实际的追溯产品生产流程图；准确合理设置关键控制点、控制目标（安全参数和临界值或技术要求）、监控（检验）方法、控制措施和纠偏措施。其中，纠偏措施应准确、及时，应符合控制目标。以猪肉的兽残为例，叙述兽药购入的记录审核、兽药使用的施用量、施药方式（血液注射、肌肉注射或食喂）、出栏屠宰时间在休药期外或内（如土霉素片食喂为 7d，土霉素注射为 28d），兽残的临界值（100μg/kg），监测方法采用 GB/T 20764—2006《可食动物肌肉中土霉素、四环素、金霉素、强力霉素残留量的测定　液相色谱-紫外检测法》，控制措施可在兽药采购、兽药使用环节按制度和文件规定操作，如果发生问题则在有关环节上改进。

（4）产品质量安全事件处置规范　该制度的制定需依据追溯产品的有关法律法规和标准，并结合生产经营主体的实际情况。该制度内容应包括组织机构和应急程序、应急项目、控制措施、质量安全事件处置，以及有关管理、操作、监督部门的职责等。

为了验证处置规范的可行性，需作处置演练。演练的项目依据产品标准所涉及的质量安全项目确定。如牲畜追溯产品可以演练兽药残留、重金属、疫病等。追溯产品为畜肉，则除以上 3 项外，还可演练金属物、微生物等。

处置规范的对象应是产品标准规定项目。例如，绿色食品猪肉，处置对象为挥发性盐基氮（涉及猪肉新鲜度）、重金属（涉及饮水水质、饲料质量）、兽药残留（涉及兽药购入、兽药使用、出栏屠宰时间）、微生物（涉及屠宰卫生条件）等。

第四节　编码方法

一、养殖环节

（一）猪牛羊个体编码

【标准原文】

5.1.1　猪牛羊个体编码

按中华人民共和国农业部令第 67 号的规定执行。

【内容解读】

中华人民共和国农业部令第 67 号《畜禽标识和养殖档案管理办法》自 2006 年 7 月 1 日起实施。它是依据《中华人民共和国畜牧法》《中华人民共和国动物防疫法》《农产品质量安全法》制定的,对畜禽繁育、饲养、屠宰、加工、流通等环节涉及的标识和档案管理做了全面规定。

1. 实施中华人民共和国农业部令第 67 号的重大意义

(1) 规范畜牧业生产经营行为 畜牧业生产者包括养殖者(牲畜养殖场、牲畜养殖小区或牲畜散养户)、屠宰加工者、流通单位(包括储存、运输)。该办法涉及整个生产过程和经营活动,畜牧业生产者必须遵循该办法。

(2) 建立牲畜及牲畜产品可追溯监管制度 监管包括生产者接受的政府监管和消费者监管。政府监管的实施者为中央和地方政府的畜牧兽医行政主管部门、动物卫生监督机构、动物疾病预防控制机构。监管还包括畜牧业生产者内部的监管。畜牧业生产者要制定完整的可追溯制度,该制度既要符合生产、经营实践,又要符合政府监督部门的相关要求;除了依据有关法律、法规、本单位生产实施外,还必须依据该办法有关规定。

(3) 有效防控重大动物疫病 畜禽标识和养殖档案须记载所有疫病的症状、诊断、用药、不良反应、医疗效果等,可有效防控本单位的疫病,也可防止疫病扩散到其他单位。

(4) 落实畜肉产品质量安全责任追究制度 畜禽标识和养殖档案是质量安全追溯的基本素材。依据畜禽标识和养殖档案可查明责任事故发生的时间、地点、责任人等信息,实施责任追究。

(5) 提高畜肉产品竞争力 销售的畜肉产品必须有畜禽标识和养殖档案,这是必要条件。否则,国内市场拒收;出口检验检疫无法通过,没有外销的可能。

(6) 促进畜牧业健康持久发展 畜禽标识和养殖档案管理是生产者、经营者最基本的管理内容,其执行可促进畜牧业健康持久发展。

2. 实施中华人民共和国农业部令第 67 号的规定

(1) 实施主体 农业农村部负责全国畜禽标识和养殖档案的监督管理工作。县级以上地方人民政府畜牧兽医行政主管部门负责本行政区域内畜禽标识和养殖档案的监督管理工作。在中华人民共和国境内从事畜禽及畜禽产品生产、经营、运输等活动,应当遵守该办法。

(2) 畜禽标识 依据中华人民共和国农业部下发的《农业部关于贯彻实施〈畜禽标识和养殖档案管理办法〉的通知》农医发〔2006〕8 号,畜禽标识制度应当坚持统一规划、分类指导、分步实施、稳步推进的原则。

畜禽标识是指经农业农村部批准使用的耳标、电子标签、脚环以及其他承载畜禽信息的标识物，畜禽标识实行一畜一标，编码应当具有唯一性。

畜禽标识编码由畜禽种类代码、县级行政区域代码、标识顺序号共15位数字及专用条码组成。猪、牛、羊的畜禽种类代码分别为1、2、3。

编码形式为：×（种类代码）－××××××（县级行政区域代码）－×××××××××（标识顺序号）。

省级人民政府畜牧兽医行政主管部门应当建立畜禽标识及所需配套设备的采购、保管、发放、使用、登记、回收、销毁等制度。

省级动物疫病预防控制机构要依照国家有关法律法规和《畜禽标识和养殖档案管理办法》的规定，通过招标方式确定合格的畜禽标识（包括耳标）定点生产企业，组织做好耳标订购和供应工作，并及时将有关情况通报省动物卫生监督机构。招标确定的牲畜耳标生产企业名单要报中国动物疫病预防控制中心汇总，在网站上统一公布，并报农业农村部备案。农业农村部将组织有关单位定期开展牲畜耳标质量检测和监督检查。牲畜屠宰后的耳标上交省级发放部门。

畜禽标识定点生产企业制作畜禽标识的费用列入省级人民政府财政预算。按农业农村部规定的畜禽标识技术规范制作畜禽标识，制成后的畜禽标识只提供给省级动物疫病预防控制机构，不得提供给其他任何单位和个人。然后，由省级动物疫病预防控制机构统一采购畜禽标识，逐级供应。

畜禽养殖者应当向当地县级动物疫病预防控制机构申领畜禽标识，并按照下列规定对畜禽加施畜禽标识：

①新出生畜禽，在出生后30d内加施畜禽标识；30d内离开饲养地的，在离开饲养地前加施畜禽标识；从国外引进畜禽，在畜禽到达目的地10d内加施畜禽标识。

②猪、牛、羊在左耳中部加施畜禽标识，需要再次加施畜禽标识的，在右耳中部加施。

畜禽标识严重磨损、破损、脱落后，应当及时加施新的标识，并在养殖档案中记录新标识编码。

动物卫生监督机构实施产地检疫时，应当查验畜禽标识。没有加施畜禽标识的，不得出具检疫合格证明。

动物卫生监督机构应当在畜禽屠宰前，查验、登记畜禽标识。

畜禽屠宰经营者应当在畜禽屠宰时回收畜禽标识，由动物卫生监督机构保存、销毁。

畜禽经屠宰检疫合格后，动物卫生监督机构应当在畜禽产品检疫标志中注明畜禽标识编码。

畜禽标识不得重复使用。

（3）养殖档案

①畜禽养殖场应当建立养殖档案，载明以下内容：

（a）畜禽的品种、数量、繁殖记录、标识情况、来源和进出场日期。

（b）饲料、饲料添加剂等投入品和兽药的来源、名称、使用对象、时间和用量等有关情况。

（c）检疫、免疫、监测、消毒情况。

（d）畜禽发病、诊疗、死亡和无害化处理情况。

（e）畜禽养殖代码。

（f）农业农村部规定的其他内容。

②畜禽养殖者应向县级动物疫病预防控制机构提供相关材料，以便建立畜禽防疫档案。

畜禽养殖场应提供：名称、地址、畜禽种类、数量、免疫日期、疫苗名称、畜禽养殖代码、畜禽标识顺序号、免疫人员以及用药记录等。

畜禽散养户应提供：户主姓名、地址、畜禽种类、数量、免疫日期、疫苗名称、畜禽标识顺序号、免疫人员以及用药记录等。

③畜禽养殖场、养殖小区应当依法向所在地县级人民政府畜牧兽医行政主管部门备案，取得畜禽养殖代码。

畜禽养殖代码由县级人民政府畜牧兽医行政主管部门按照备案顺序统一编号，每个畜禽养殖场、养殖小区只有一个畜禽养殖代码。畜禽养殖代码由6位县级行政区域代码和4位顺序号组成，同时作为养殖档案编号。

饲养种畜应当建立个体养殖档案，注明标识编码、性别、出生日期、父系和母系品种类型、母本的标识编码等信息。种畜调运时应当在个体养殖档案上注明调出和调入地，个体养殖档案应当随同调运。

④养殖档案和防疫档案保存时间：商品猪、禽为2年，牛为20年，羊为10年，种畜禽长期保存。

从事畜禽经营的销售者和购买者应当向所在地县级动物疫病预防控制机构报告更新防疫档案相关内容。销售者或购买者属于养殖场的，应及时在畜禽养殖档案中登记畜禽标识编码及相关信息变化情况。

畜禽养殖场养殖档案及种畜个体养殖档案格式由农业农村部统一制定。

（4）监督管理和追溯实施　县级以上地方人民政府畜牧兽医行政主管部门所属动物卫生监督机构具体承担本行政区域内畜禽标识的监督管理工

作。有下列情形之一的，应当对畜禽、畜禽产品实施追溯：

①标识与畜禽、畜禽产品不符。

②畜禽、畜禽产品染疫。

③畜禽、畜禽产品没有检疫证明。

④违规使用兽药及其他有毒、有害物质。

⑤发生重大动物卫生安全事件。

⑥其他应当实施追溯的情形。

国外引进的畜禽在国内发生重大动物疫情，由农业农村部会同有关部门进行追溯。

任何单位和个人不得销售、收购、运输、屠宰应当加施标识而没有标识的畜禽。

（二）养殖地编码

【标准原文】

5.1.2　养殖地编码

企业应对每个养殖地，包括养殖场、圈、栏、舍等编码，并建立养殖地编码档案。其内容应至少包括地区、面积、养殖者、养殖时间、养殖数量等。

【内容解读】

养殖场、圈、栏、舍等编码宜采用十进位的数字码，数字码便于信息化运行，不应采用字母码或汉字，并在"追溯信息系统运行规范"制度中写明代码的含义。养殖地编码档案应与养殖的牲畜相对应，其内容可使用汉字，应至少包括地区、面积（养殖占地面积）、养殖者、养殖牲畜（猪、牛、羊等）、养殖时间（幼畜到出栏的时间）、养殖数量等信息。

【实际操作】

1. 养殖场县级及县级以上行政区域代码

县级及县级以上行政区域代码包括数字代码和字母代码。

（1）数字代码　采用3层6位的层次码结构。每个层次有2位数字，从左到右的顺次分别代表省级（省、自治区、直辖市、特别行政区）、市级（市、地区、自治州、盟、直辖市内的直辖区或直辖县、省或自治区内直辖县汇总码）、县级（县、自治县、县级市、旗、自治旗、市辖区、林区、特区）。

第一层，省级代码代表省、自治区、直辖市、特别行政区。

第二层，市级代码中 01～20、51～70 表示市，01、02 还表示直辖市内的直辖区或直辖县的汇总码；21～50 表示地区、自治州、盟；90 表示省（自治区）直辖县汇总码。

第三层，县级代码中 01～20 表示市辖区、地区（自治州、盟）辖县级市、市辖特区和省（自治区）直辖县中的县级市；01 通常表示市辖区汇总码。21～80 表示县、自治县、旗、自治旗、林区、地区辖特区；81～99 表示省（自治区）辖县级市。

（2）字母代码　按名称拼写的罗马字母，取相应字母编制。

省、自治区、直辖市、特别行政区用 2 位大写字母。

市、地区、自治州、盟、自治县、县级市、旗、自治旗、市辖区、林区、特区用 3 位大写字母。

依据 GB/T 2260—2007《中华人民共和国行政区划代码》，全国省级（省、自治区、直辖市、特别行政区）代码见表 2-3。

表 2-3　全国省级（省、自治区、直辖市、特别行政区）代码

名称	罗马字母拼写	数字码	字母码
北京市	Beijing Shi	110000	BJ
天津市	Tianjin Shi	120000	TJ
河北省	Hebei Sheng	130000	HE
山西省	Shanxi Sheng	140000	SX
内蒙古自治区	Nei Mongol Zizhiqu	150000	NM
辽宁省	Liaoning Sheng	210000	LN
吉林省	Jilin Sheng	220000	JL
黑龙江省	Heilongjiang Sheng	230000	HL
上海市	Shanghai Shi	310000	SH
江苏省	Jiangsu Sheng	320000	JS
浙江省	Zhejiang Sheng	330000	ZJ
安徽省	Anhui Sheng	340000	AH
福建省	Fujian Sheng	350000	FJ
江西省	Jiangxi Sheng	360000	JX
山东省	Shandong Sheng	370000	SD
河南省	Henan Sheng	410000	HA
湖北省	Hubei Sheng	420000	HB

（续）

名称	罗马字母拼写	数字码	字母码
湖南省	Hunan Sheng	430000	HN
广东省	Guangdong Sheng	440000	GD
广西壮族自治区	Guangxi Zhuangzu Zizhiqu	450000	GX
海南省	Hainan Sheng	460000	HI
重庆市	Chongqing Shi	500000	HN
四川省	Sichuan Sheng	510000	SC
贵州省	Guizhou Sheng	520000	GZ
云南省	Yunnan Sheng	530000	YN
西藏自治区	Xizang Zizhiqu	540000	XZ
陕西省	Shaanxi Sheng	610000	SN
甘肃省	Gansu Sheng	620000	GS
青海省	Qinghai Sheng	630000	QH
宁夏回族自治区	Ningxia Huizu Zizhiqu	640000	NX
新疆维吾尔自治区	Xinjiang Uygur Zizhiqu	650000	XJ
台湾	Taiwan Sheng	710000	TW
香港特别行政区	Hongkong Tebiexingzhengqu	810000	HK
澳门特别行政区	Macau Tebiexingzhengqu	820000	MO

市级和县级的代码表以北京市所辖为例，如表 2-4 所示。

表 2-4 北京市（110000 BJ）代码

名称	罗马字母拼写	数字码	字母码
市辖区	Shixiaqu	110100	
东城区（新）	Dongcheng Qu	110101	DCQ
西城区（新）	Xicheng Qu	110102	XCQ
朝阳区	Chaoyang Qu	110105	CYQ
丰台区	Fengtai Qu	110106	FTQ
石景山区	Shijingshan Qu	110107	SJS
海淀区	Haidian Qu	110108	HDQ
门头沟区	Mentougou Qu	110109	MTG
房山区	Fangshan Qu	110111	FSQ
通州区	Tongzhou Qu	110112	TZQ

（续）

名称	罗马字母拼写	数字码	字母码
顺义区	Shunyi Qu	110113	SYQ
昌平区	Changping Qu	110114	CHP
大兴区	Daxing Qu	110115	DXU
怀柔区	Huairou Qu	110116	HRO
平谷区	Pinggu Qu	110117	PGU
密云区	Miyun Qu	110118	MYN
延庆区	Yanqing Qu	110119	YQQ

2. 养殖场县级以下行政区域代码

依据 GB/T 10114—2003《县级以下行政区划代码编制规则》，县级以下行政区域代码采用 2 层 9 位的层次码结构（图 2-12）。第一层代表县级及县级以上行政区域代码，由 6 位数字组成；第二层表示县级以下行政区域代码，由 3 位数字组成。001～099 表示街道（地区），100～199 表示镇（民族镇），200～399 表示乡、民族乡、苏木。

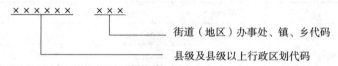

图 2-12　县级以下行政区域代码

注：1. 县级以下行政区划代码应按隶属关系和上述"001～399"代码所代表的区划类型，统一排序后进行编码。

2. 在编制县级以下行政区划代码时，当只表示县及县以上行政区划时，仍然采用 2 层 9 位的层次码结构，此时图 2-12 所示代码结构中的第二段应为 3 个数字 0，以保证代码长度的一致性。

具体编码形式见表 2-5。

表 2-5　县级以下行政区域代码

名称	代码
……	……
××市	×××00000
市辖区	×××01000
××区	×××××000
××街道（或地区）	×××××001
……	……

（续）

名称	代码
××镇（或民族镇）	×××××1××
······	······
××乡（或民族乡、苏木）	×××××2××
······	······
××市（县级）	×××××000
××街道	×××××001
······	······
××镇（或民族镇）	×××××1××
······	······
××乡（或民族乡、苏木）	×××××2××
	······
××县	×××××000
××街道	×××××001
······	······
××镇（或民族镇）	×××××1××
······	······
××乡（或民族乡、苏木）	×××××2××
······	······

对于不属于行政区划范畴的政企合一的牧场、农场也采取2层9位的层次码结构。第一层代表县级及县级以上行政区域代码，由6位数字组成；第二层表示该牧场或农场，在001～399以外采用3位数字。

（三）养殖者编码

【标准原文】

5.1.3　养殖者编码

企业应对养殖者（生产管理相对统一的养殖户、养殖户组统称养殖者）编码，并建立养殖者编码档案。其内容应至少包括姓名、承担的养殖地和养殖数量等。

【内容解读】

养殖者编码用数字按其居住位置或姓名罗马字母排列顺序编写。养殖者姓名为二代身份证所示姓名（表2-1）；承担的养殖地用数字或字母编码。养殖数量采用数字代码，应体现圈、栏、舍的数量。

二、加工环节

（一）屠宰场编码

【标准原文】

5.2.1　屠宰厂编码

应对不同屠宰厂编码，同一屠宰厂内不同流水线编为不同编码，并建立屠宰厂流水线编码档案。其内容应至少包括检疫、屠宰环境、清洗消毒、分割等。

【内容解读】

屠宰厂代码由当地行政区域代码加企业顺序代码。企业顺序代码可以是整个工业企业的顺序代码，也可以是某行业企业的顺序代码。

同一屠宰厂内不同流水线代码由数字表示。

编码档案的内容见"信息采集"部分。

（二）包装批次编码

【标准原文】

5.2.2　包装批次编码

应对不同批次编码，并建立包装批次编码档案。其内容应至少包括生产日期、批号、包装环境条件等。

【内容解读】

当每天仅生产一个批次产品时，批次代码可以用生产日期代码；当每天生产一个以上批次产品时，批次代码由生产日期加批次组成，批次代码为数字码。批次编码档案应与产品编码相对应。其档案内容可使用汉字，应至少包括追溯产品名称、生产日期、批号、包装环境条件等。畜肉生产企业的包装环境条件应写明温度。企业完成包装批次编码时，就完成了整个追溯产品的流通码及其压缩加密的追溯码，或直接形成追溯码。

【实际操作】

1. 追溯信息编码

追溯信息编码是将编码对象赋予具有一定规律（代码段的含义、代码位置排列的顺序、代码的含义、校验码的计算都作出具体规定）、易于计算机和人识别处理的符号。因此，农产品质量安全追溯信息编码的内容应包括代码表达的形式（数字或字母）、表示的方法（如校验码的计算、生产经营主体所用数字或字母的含义，应在其工作制度中明确规定以免误用）。

（1）追溯信息编码用途

①对编码对象进行标识。犹如"身份证"，这编码与对象组成一个唯一性的联系。

②对编码对象进行分类。对编码对象进行分类后，便可从编码上看出其属于哪一类。例如，畜肉生产经营主体属于养殖还是加工，属于初加工还是深加工；产地属于省级还是市级或县级。

③对编码对象进行识别。确定编码对象的性质，尤其是用于质量安全追溯。

因此，信息编码是实施质量安全追溯的重要前提。信息编码的成功与否直接关系到当前及今后的质量安全追溯。

（2）信息编码原则

①唯一性。一个代码仅表示一个对象，一个对象也只有一个代码。

②合理性。代码结构应与生产实践相适应。

③可扩充性。代码应留有适当的后备容量，以适应不断扩充的需要。常用数字 0 作为后备代码，其他数字赋予定义。而容量的大小取决于生产实践，如产品代码，现有 5 种产品，用 1 至 5 表示。若企业考虑将产品增加到数十种，则产品代码段为 2 位，现有产品代码用 01 至 05。

④简明性。代码结构应尽量简单，长度尽量短，尤其是预留位宜少不宜多，便于信息录入，减少差错率，减少计算机存储容量。

⑤适用性。代码尽可能反映编码对象的特征，如生产时间的代码取 6 位，分别用 2 位表示年月日，而不是 8 位（年用 4 位，月日分别用 2 位）。但有的代码没有实在含义。

⑥规范性。编码时应按统一规定进行编码。参与国际贸易的编码应用 EAN·UCC 系统；用于质量安全追溯的，编码按农业农村部规定的编码结构实施。

（3）信息编码形式　追溯信息编码是农产品质量安全追溯信息查询的唯一代码。当农业生产经营主体完成生产时，必须同时完成农产品质量安

全追溯信息编码。农产品质量安全追溯信息代码可由产业链中各工艺段的代码组合形成；也可以无工艺段代码，得到最终追溯产品时一次形成。其形式有以下 3 种：

①采用 GB/T 16986—2018《商品条码　应用标识符》中 EAN·UCC 系统应用标识符。应用标识符是标识数据含义与格式的符号。例如，全球贸易项目中代码用 AI（01）表示。格式 N2＋N14 表示标识符中有 2 位数字，即 01；代码有 14 位数字，由农业生产经营主体自定。数据段名称为 GTIN（Global Trade Item Number 的简称，即全球贸易项目代码）。EAN·UCC 应用标识符的含义、格式及数据名称见表 2-6。

表 2-6　EAN·UCC 应用标识符的含义、格式及名称

AI	含义	格式	数据名称
00	系列货运包装箱代码	N2＋N18	SSCC
01	全球贸易项目代码	N2＋N14	GTIN
02	物流单元内贸易项目的 GTIN	N2＋N14	CONTENT
10	批号	N2＋X...20	BATCH/LOT
11	生产日期（YYMMDD）	N2＋N6	PROD DATE
12	付款截止日期（YYMMDD）	N2＋N6	DUE DATE
13	包装日期（YYMMDD）	N2＋N6	PACK DATE
15	保质期（YYMMDD）	N2＋N6	BEST BEFORE 或 BEST BY
17	有效期（YYMMDD）	N2＋N6	USE BY 或 EXPIRY
20	内部产品变体	N2＋N2	VARIANT
21	系列号	N2＋X...20	SERIAL
22	消费品变体	N2＋X...20	CPV
240	附加产品标识	N3＋X..30	ADDITIONAL ID
241	客户方代码	N3＋X..30	CUST. PART NO.
250	二级系列号	N3＋X..30	SECONDARY SERIAL
251	源实体参考代码	N3＋X..30	REF. TO SOURCE
30	变量贸易项目中的项目的数量	N2＋N...8	VAR. COUNT
337n	贸易项目千克每平方米数值（kg/m²）	N4＋N6	KG PER m²

（续）

AI	含义	格式	数据名称
37	物流单元内贸易项目的数量	N2＋N...8	COUNT
390n	应支付金额或优惠券价值	N4＋N...15	AMOUNT
391n	含 ISO 货币代码的应支付金额应用标识符	N4＋N3＋N...15	AMOUNT
392n	单变量贸易项目应支付金额应用标识符	N4＋N...15	PRICE
393n	含 ISO 货币代码的变量贸易项目应支付金额应用标识符	N4＋N3＋N...15	PRICE
400	客户订单代码应用标识符	N3＋X...30	ORDER NUMBER
401	全球货物托运标识代码	N3＋X...30	GINC
402	全球货物装运标识代码	N3＋N17	GSIN
403	路径代码	N3＋X...30	ROUTE
410	交货地全球位置码	N3＋N13	SHIP TO LOC
411	受票方全球位置码	N3＋N13	BILL TO
412	供货方全球位置码	N3＋N13	PURCHASE FROM
413	货物最终目的地全球位置码	N3＋N13	SHIP FOR LOC
414	标识物理位置的全球位置码	N3＋N13	LOC NO.
415	开票方全球位置码	N3＋N13	PAY TO
420	交货地邮政编码	N3＋X...20	SHIP TO POST
421	含 ISO 国家（地区）代码的交货地邮政编码	N3＋N3＋X...12	SHIP TO POST
422	贸易项目的原产国（地区）	N3＋N3	ORIGIN
423	贸易项目初始加工国家（地区）	N3＋N3＋N...12	COUNTRY-INITIAL PROCESS
424	贸易项目加工国家（地区）	N3＋N3	COUNTRY-PROCESS
425	贸易项目拆分国家（地区）	N3＋N3＋N12	COUNTRY-DISASSEMBLY
426	全程加工贸易项目的国家（地区）	N3＋N3	COUNTRY-FULL PROCESS
7001	北约物资代码	N4＋N13	NSN
7002	胴体肉与分割产品分类	N4＋X...30	MEAT CUT

（续）

AI	含义	格式	数据名称
703n	含 ISO 国家（地区）代码的加工者核准号码	N4＋N3＋X...27	PROCESSOR # S
8001	卷状产品可变属性值	N4＋N14	DIMENSIONS
8002	蜂窝移动电话标识符	N4＋X...20	CMT NO.
8003	全球可回收资产	N4＋N14＋X...16	GRAI
8004	全球单个资产应用标识符	N4＋X...30	GIAI
8005	变量项目单价应用标识符	N4＋N6	PRICE PER UNIT
8006	贸易项目组件标识代码应用标识符	N4＋N14＋N2＋N2	ITIP 或 GCTIN
8007	国际银行账号代码	N4＋X...34	IBAN
8008	产品生产的日期与时间	N4＋N8＋N...4	PROD TIME
8018	全球服务关系接受方代码	N4＋N18	GSRN-RECIPIENT
8020	付款单参考代码	N4＋X...25	REF NO.
90	贸易伙伴之间相互约定的信息	N2＋X...30	INTERNAL
91～99	公司内部信息	N2＋X...90	INTERNAL

注：n、N 为数字字符，X 为字母、数字字符。

②以批次编码作为追溯信息编码。

③生产经营主体自定义的追溯信息编码，如二维码。

2. 校验码的计算方法

校验码位于追溯码的最后一位，它的作用是检验追溯码中各个代码是否准确，即用各个代码的不同权数加和及与 10 的倍数相减，获得一位数字。企业自行完成或请编码公司完成的编码，都应将校验码计算的软件应用到标签打印机中。校验码的计算如下：

（1）确定代码位置序号 代码位置序号是包括校验码在内的，从右向左的顺序号。因此，校验码的序号为 1。

（2）计算校验码 按以下步骤计算校验码：

①从代码位置序号 2 开始，所有偶数位数字代码求和。

②将以上偶数位数字代码的和乘以 3。

③从代码位置序号 3 开始，所有奇数位数字代码求和。

④将偶数位数字代码和乘以 3 的乘积与奇数位数字代码和相加。

⑤用大于或等于步骤④中得出的相加数，且为 10 整数倍的最小数减

去该相加数，即校验码数值。见表2-7。

表2-7 校验码计算示例

计算步骤	举例说明												
从右向左顺序编号	位置序号	13	12	11	10	9	8	7	6	5	4	3	2	1
	代码	6	9	0	1	2	3	4	5	6	7	8	9	X
从序号2开始，所有偶数位数字代码求和	$9+7+5+3+1+9=34$												
偶数位数字代码的和乘以3	$34×3=102$												
从序号3开始，所有奇数位数字代码求和	$8+6+4+2+0+6=26$												
将偶数位数字代码乘以3的乘积与奇数位数字代码和相加	$102+26=128$												
用大于或等于步骤④中得出的相加数，且为10整数倍的最小数减去该相加数，即校验码数值	$130-128=2$，即X=2												

3. 产品代码

产品代码是追溯码中重要组成部分，畜肉加工厂的分割肉可多达几十种产品，可采用2位数字码。即使产品品种不满10个，为了考虑今后品种的增加，可设立2位数字码；个位数字是现行产品品种代码，十位数字为"0"，作为预留品种代码。

（1）**产品代码编制原则**

①唯一性原则。对同一商品项目的产品应给予相同的产品标识代码。基本特征（主要包括商品名称、商标、种类、规格、数量、包装类型等）相同的商品视为同一商品项目。对不同商品项目的产品应给予不同的产品标识代码。

②无含义性原则。产品代码中的每一位数字不表示任何与商品有关的特定信息。

③稳定性原则。产品代码一旦被分配，只要产品基本特征没变化，就应保持不变。

（2）**活畜与畜肉代码** 依据 GB/T 7635.1—2002《全国主要产品分类与代码 第1部分：可运输产品》，活畜与畜肉代码见表2-8。

表 2-8　活畜与畜肉代码

代码	产品	备注
02111	活牛	
02111·011	黄牛	
02111·012	水牛	
02111·013	牦牛	
02111·016	乳、肉兼用牛	
02111·017	肉用牛	
02112	活绵羊或活山羊	
02112·013	绵羊或羊羔	
02112·014	山羊或小山羊	
02112·015	育肥羊	
02121	活猪	
02121·013	瘦肉型猪	
02121·014	脂肪型猪	
02121·015	肉脂兼用型猪	
21111	鲜或冷却牛肉	不包括小包装鲜或冷却牛肉
21112	冻牛肉	不包括小包装冻牛肉
21113	鲜或冷却猪肉	不包括小包装鲜或冷却猪肉
21114	冻猪肉	不包括小包装冻猪肉
21115	鲜或冷却绵羊肉	不包括小包装鲜或冷却绵羊肉
21116	冻绵羊肉	不包括小包装冻绵羊肉
21117	鲜、冷却或冷冻山羊肉	不包括小包装鲜、冷却或冷冻山羊肉
21118	鲜、冷却或冷冻马、驴、马骡或驴骡肉等	不包括小包装鲜、冷却或冷冻马、驴、马骡或驴骡肉

（3）猪肉流通分类及代码　依据 NY/T 3388—2018《猪肉及猪副产品流通分类及代码》，猪肉流通分类及代码采用 3 层 12 位数字表示，见表 2-9。

表 2-9 猪肉流通分类及代码

第一层（部类）	第二层（大类）	第三层（小类）
21113/鲜或冷却猪肉 21114/冻猪肉	013/带皮猪肉	0001 带皮片猪肉
		0002 带皮去骨片猪肉
		0003 带皮带蹄片猪肉
		0004 带皮带腮肉片猪肉
		0005 带皮带板油片猪肉
		0006 带皮带奶脯片猪肉
		0007 带皮带腮肉带板油片猪肉
		0008 带皮带板油奶脯片猪肉
		0009 带皮带腮肉板油奶脯片猪肉
		0010 带皮去前段片猪肉
		0011 带皮去后段片猪肉
		9999 其他
	014/去皮猪肉	0001 去皮片猪肉
		0002 去皮去骨片猪肉
		0003 去皮带蹄片猪肉
		0004 去皮带腮肉片猪肉
		0005 去皮带板油片猪肉
		0006 去皮带奶脯片猪肉
		0007 去皮带腮肉带板油片猪肉
		0008 去皮带板油奶脯片猪肉
		0009 去皮带腮肉板油奶脯片猪肉
		0010 去皮去前段片猪肉
		0011 去皮去后段片猪肉
		9999 其他
	015/分割猪肉	1001 肩颈肉（肩背肌肉或 1 号肉）
		1002 带皮肩颈肉
		1003 无皮带脂肩颈肉
		1004 前腿肌肉（2 号肉）
		1005 带皮前腿肌肉
		1006 无皮带脂前腿肌肉
		1007 带皮带骨前腿
		1008 去皮带骨前腿

肉产品质量追溯实用技术手册
XUROU CHANPIN ZHILIANG ZHUISU SHIYONG JISHU SHOUCE

（续）

第一层（部类）	第二层（大类）	第三层（小类）
		1009 去膘带骨前腿
		1010 腮肉（槽头）
		1011 带皮腮肉
		1012 面青肉
		2001 带皮大排肌肉
		2002 无皮带脂大排肌肉
		2003 大排肌肉（3 号肉）
		2004 去筋膜大排肌肉
		2005 带皮五花肉
		2006 去皮五花肉
		2007 带皮带骨中方肉
		2008 去皮带骨中方肉
		3001 后腿肌肉（4 号肉）
		3002 带皮后腿肌肉
		3003 无皮带脂后腿肌肉
21113/鲜或冷却猪肉	015/分割猪肉	3004 分切后腿肌肉
21114/冻猪肉		3005 元宝肉
		3006 里脊肉
		3007 带皮带骨后腿
		3008 去皮带骨后腿
		3009 去膘带骨后腿
		4001 筋腱肉
		4002 带腿寸骨筋腱肉
		4003 9：1 碎肉
		4004 8：2 碎肉
		4005 7：3 碎肉
		4006 6：4 碎肉
		4007 5：5 碎肉
		4008 4：6 碎肉
		4009 3：7 碎肉
		4010 2：8 碎肉
		4011 1：9 碎肉

（续）

第一层（部类）	第二层（大类）	第三层（小类）
21113/鲜或冷却猪肉 21114/冻猪肉	015/分割猪肉	6001 颈骨
		6002 前排
		6003 无颈前排
		6004 小排（唐排）
		6005 肋排
		6006 大排
		6007 带皮大排
		6008 去皮带脂大排
		6009 带脊膘大排
		6010 肉排
		6011 通排
		6012 脊骨（龙骨）
		6013 前腿筒子肉
		6014 后腿筒子肉
		6015 带筋腱肉前腿筒子肉
		6016 带筋腱肉后腿筒子肉
		6017 前棒肉
		6018 后棒肉
		6019 尾骨
		6020 带肉尾骨
		6021 月牙骨
		6022 腿寸骨
		6023 带肉扇子骨
		6024 带肉三叉骨
		7001 毛猪皮
		7002 腮肉皮
		7003 脊膘皮
		7004 腿皮
		7005 光猪全皮
		7006 大皮
		7007 小皮
		9999 其他

（续）

第一层（部类）	第二层（大类）	第三层（小类）
21113/鲜或冷却猪肉 21114/冻猪肉	017/无皮无脂片 猪肉（红条）	0001 无皮无脂去前腿片猪肉
		0002 无皮无脂去后腿片猪肉
		0003 无皮无脂去骨片猪肉
		0004 无皮无脂中段
		9999 其他

（4）牛肉流通分类及代码　依据 NY/T 3389—2018《牛肉及牛副产品流通分类及代码》，牛肉流通分类及代码采用 3 层 12 位数字表示，见表2-10。

表 2-10　牛肉流通分类及代码

第一层（部类）	第二层（大类）	第三层（小类）
21111 鲜或冷却肉用 牛肉 21112 冻牛肉	011/胴体大牛肉	
	101/胴体小牛肉	
	201/胴体牦牛肉	
	301/胴体乳牛肉	
	401/胴体黄牛肉	
	451/胴体水牛肉	
	501/胴体牦牛肉	
	012/带骨大牛肉 102/带骨小牛肉 202/带骨牦牛肉 302/带骨乳牛肉 402/带骨黄牛肉 452/带骨水牛肉 502/带骨牦牛肉	0001 1/2 胴体 0100 前 1/4 胴体 0200 后 1/4 胴体 0101 带骨腹肉 0102 带骨前腱子肉 0201 T 骨肉 0202 带骨外脊 0203 带骨后腱子肉 9001 带骨腱子肉 9999 其他
	013/去骨大牛肉	
	103/去骨小牛肉	
	203/去骨牦牛肉	
	303/去骨乳牛肉	
	403/去骨黄牛肉	
	453/去骨水牛肉	
	503/去骨牦牛肉	

（续）

第一层（部类）	第二层（大类）	第三层（小类）
21111 鲜或冷却肉用 牛肉 21112 冻牛肉	014/分部位分割大牛肉 104/分部位分割小牛肉 204/分部位分割犊牛肉 304/分部位分割乳牛肉 404/分部位分割黄牛肉 454/分部位分割水牛肉 504/分部位分割牦牛肉	1001 脖肉
		2001 肩肉
		2002 辣椒条
		2003 板腱
		2004 前腱子
		3001 上脑
		3002 眼肉
		3003 外脊
		3004 里脊
		4001 牛腩
		4002 胸肉
		4003 腹肉
		4004 牛肋条肌
		5001 臀肉
		5002 米龙
		5003 牛霖
		5004 小黄瓜条
		5005 大黄瓜条
		5006 后腱子肉
		9001 胸腩连体
		9002 腱子肉
		9003 牛肉馅
		9999 其他
21111 鲜或冷却肉用牛肉	205/小包装犊牛肉	
	305/小包装乳牛肉	
	405/小包装黄牛肉	
	455/小包装水牛肉	
	505/小包装牦牛肉	
	015/小包装大牛肉	
	105/小包装小牛肉	

（续）

第一层（部类）	第二层（大类）	第三层（小类）
21112 冻牛肉	015/冻牛肉片 105/冻肥牛片	0001 肥牛 1 号
		0002 肥牛 2 号
		0003 肥牛 3 号
		0004 肥牛 4 号
	016/小包装大牛肉	
	106/小包装小牛肉	

（5）羊肉流通分类及代码　依据 NY/T 3390—2018《羊肉及羊副产品流通分类及代码》，羊肉流通分类及代码采用 3 层 12 位数字表示，见表2-11。

表 2-11　羊肉流通分类及代码

第一层（部类）	第二层（大类）	第三层（小类）
21115/鲜或冷却绵羊肉 21116/冻绵羊肉	011/胴体绵羊肉	0101 带皮胴体绵大羊肉
		0102 去皮胴体绵大羊肉
		0103 带皮带腰油胴体绵大羊肉
		0104 去皮带腰油胴体绵大羊肉
		0105 带皮带蹄胴体绵大羊肉
		0106 去皮带蹄胴体绵大羊肉
		0107 带皮带蹄带腰油胴体绵大羊肉
		0108 去皮带蹄带腰油胴体绵大羊肉
		1101 带皮胴体绵羔羊肉
		1102 去皮胴体绵羔羊肉
		1103 带皮带腰油胴体绵羔羊肉
		1104 去皮带腰油胴体绵羔羊肉
		1105 带皮带蹄胴体绵羔羊肉
		1106 去皮带蹄胴体绵羔羊肉
		1107 带皮带蹄带腰油胴体绵羔羊肉
		1108 去皮带蹄带腰油胴体绵羔羊肉
		9999 其他
	012/带骨绵羊肉	0101 带皮带骨绵大羊肉
		0102 去皮带骨绵大羊肉
		1101 带皮带骨绵羔羊肉
		1102 去皮带骨绵羔羊肉
		9999 其他

（续）

第一层（部类）	第二层（大类）	第三层（小类）		
	012/去骨绵羊肉	0101 带皮去骨绵大羊肉		
		0102 去皮去骨绵大羊肉		
		1101 带皮去骨绵羔羊肉		
		1102 去皮去骨绵羔羊肉		
		9999 其他		
21115/鲜或冷却绵羊肉 21116/冻绵羊肉	014/分割绵羊肉	第一位编码		后三位编码
		0/绵大羊 1/绵羔羊		201 带皮带骨半胴体
				202 带皮去骨半胴体
				203 去皮带骨半胴体
				204 去皮去骨半胴体
				301 带皮前 1/4 胴体
				302 带皮后 1/4 胴体
				303 去皮前 1/4 胴体
				304 去皮后 1/4 胴体
				401 带臀腿
				402 带臀去腱腿
				403 去臀腿
				404 去臀去腱腿
				405 带骨臀腰腿
				406 去胯带臀腿
				407 去胯去腱带股腿
				408 后腱子肉
				409 法式羊后腱
				410 剔骨带臀腿
				411 剔骨带臀去腱腿
				412 剔骨去臀去腱腿
				413 臀肉（砧肉）
				414 膝圆
				415 粗米龙
				416 臀腰肉
				501 鞍肉

（续）

第一层（部类）	第二层（大类）	第三层（小类）	
21115/鲜或冷却绵羊肉 21116/冻绵羊肉	014/分割绵羊肉	0/绵大羊 1/绵羔羊	502 带骨羊腰脊
			503 羊 T 骨排
			504 腰肉
			505 腰脊肉
			601 羊肋脊排
			602 法式羊肋脊排
			603 单骨羊排（法式）
			604 法式肋排
			701 肩肉
			702 肩脊排/法式脊排
			703 牡蛎肉
			704 前腿子肉
			705 法式羊前腿
			706 去骨羊肩
			707 肩胛肉排
			801 颈肉
			802 羊颈肉排
			901 胸腹腩
			902 里脊
			903 通脊
			904 肉片
			999 其他
21117/鲜、冷却或冻的山羊肉	011/鲜或冷却胴体山羊肉 101/冻胴体山羊肉		0101 带皮胴体山大羊肉
			0102 去皮胴体山大羊肉
			0103 带皮带腰油胴体山大羊肉
			0104 去皮带腰油胴体山大羊肉
			0105 带皮带蹄胴体山大羊肉
			0106 去皮带蹄胴体山大羊肉
			0107 带皮带蹄带腰油胴体山大羊肉
			0108 去皮带蹄带腰油胴体山大羊肉
			1101 带皮胴体山羔羊肉

（续）

第一层（部类）	第二层（大类）	第三层（小类）		
21117/鲜、冷却或冻的山羊肉	011/鲜或冷却胴体山羊肉 101/冻胴体山羊肉	1102 去皮胴体山羔羊肉		
		1103 带皮带腰油胴体山羔羊肉		
		1104 去皮带腰油胴体山羔羊肉		
		1105 带皮带蹄胴体山羔羊肉		
		1106 去皮带蹄胴体山羔羊肉		
		1107 带皮带蹄带腰油胴体山羔羊肉		
		1108 去皮带蹄带腰油胴体山羔羊肉		
		9999 其他		
	013/鲜或冷却带骨山羊肉 102/冻带骨山羊肉	0101 带皮带骨山大羊肉		
		0102 去皮带骨山大羊肉		
		1101 带皮带骨山羔羊肉		
		1102 去皮带骨山羔羊肉		
		9999 其他		
	013/鲜或冷却去骨山羊肉 103/冻去骨山羊肉	0101 带皮去骨山大羊肉		
		0102 去皮去骨山大羊肉		
		1101 带皮去骨山羔羊肉		
		1102 去皮去骨山羔羊肉		
		9999 其他		
	014/鲜或冷却分割山羊肉 104/冻分割山羊肉	第一位编码	后三位编码	
		0/山大羊 1/山羔羊	201 带皮带骨半胴体	
			202 带皮去骨半胴体	
			203 去皮带骨半胴体	
			204 去皮去骨半胴体	
			301 带皮前1/4胴体	
			302 带皮后1/4胴体	
			303 去皮前1/4胴体	
			304 去皮后1/4胴体	
			401 带臀腿	
			402 带臀去腱腿	
			403 去臀腿	
			404 去臀去腱腿	

（续）

第一层（部类）	第二层（大类）	第三层（小类）
		405 带骨臀腰腿
		406 去胯带臀腿
		407 去胯去腱带股腿
		408 后腱子肉
		409 法式羊后腱
		410 剔骨带臀腿
		411 剔骨带臀去腱腿
		412 剔骨去臀去腱腿
		413 臀肉（砧肉）
		414 膝圆
		415 粗米龙
		416 臀腰肉
		501 鞍肉
		502 带骨羊腰脊
		503 羊 T 骨排
		504 腰肉
		505 腰脊肉
21117/鲜、冷却或冻的山羊肉	014/鲜或冷却分割山羊肉 104/冻分割山羊肉	0/山大羊 1/山羔羊 601 羊肋脊排
		602 法式羊肋脊排
		603 单骨羊排（法式）
		604 法式肋排
		701 肩肉
		702 肩脊排/法式脊排
		703 牡蛎肉
		704 前腱子肉
		705 法式羊前腱
		706 去骨羊肩
		707 肩胛肉排
		801 颈肉
		802 羊颈肉排
		901 胸腹腩
		902 里脊
		903 通脊
		904 肉片
		999 其他

三、储运环节

（一）储藏设施编码

【标准原文】

5.3.1 储藏设施编码

应对不同储存设施编码，不同储藏地编为不同编码，并建立储藏编码档案。其内容应至少包括位置、温度、卫生条件等。

【内容解读】

加工企业应对不同储藏设施进行编码。储藏设施代码可采用数字码。储藏设施编码档案可使用汉字，其内容至少应包括以下信息：位置、温度、相对湿度、卫生条件等。除此以外，应有责任人。

（二）运输设施编码

【标准原文】

5.3.2 运输设施编码

应对不同运输设施编码，并建立运输设施编码档案。其内容应至少包括车厢温度、运输时间、卫生条件等。

【内容解读】

加工企业应对不同运输设施进行编码。运输设施可采用数字码。运输设施编码档案可使用汉字，其内容应至少包括车厢（或船舶）温度、运输时间、卫生条件等。

四、销售环节

（一）入库编码

【标准原文】

5.4.1 入库编码

应对销售环节库房编码，并建立编码档案。其内容应包括库房号、库房温度、出入库数量和时间、卫生条件等。

【内容解读】

库房编码采用数字码。建立的库房编码档案可使用汉字叙述,其内容应包括库房号、库房温度、出入库数量和时间、卫生条件等。除此以外,应有责任人。

(二)销售编码

【标准原文】

5.4.2 销售编码

销售编码可用以下方式:

——企业编码的预留代码位加入销售代码,成为追溯码。

——在企业编码外标出销售代码。

【内容解读】

销售编码的执行主体是生产者或销售者。编写方式有以下两种:

1. 企业编码的预留代码位加入销售代码

生产者编写销售代码时,可在完成生产后由畜肉生产经营主体的销售部门编写。可在 NY/T 1761《农产品质量安全追溯操作规程 通则》提到的"国内贸易追溯码"5 个代码段——农业生产经营者主体代码、产品代码、产地代码、批次代码、校验码中,将销售者代码编入"农业生产经营者主体代码"的预留代码位中,且位于生产者之后。也就是说,从业者代码是由生产和销售两个主体组成。将全国统一的畜肉流通代码编入产品代码的预留代码位中,

销售代码采用数字码为宜。预留代码位数由销售者数量决定,预留 1 位可编入 9 个销售者,预留 2 位可编入 99 个销售者。销售代码可表示销售地区或销售者。若销售者为批发商,则销售代码可表示销售者;若销售者为相对固定的批发商或零售商(如生产企业的直销店),则销售代码可表示销售者;若销售者为相对不固定的零售商,则销售代码可表示销售地区。无论表示销售地区或销售者,都应在质量安全追溯工作规范中表明代码的销售地区或销售者具体名称,以规范工作,实施可追溯,同时也可防止假冒。当销售代码含义改变,由原来销售地区或销售者改为另一个时,必须修改原质量安全追溯工作规范中的代码含义。修改销售代码含义不会影响可追溯,因有批次代码配合。

销售编码是追溯码中最后需确定的代码,销售编码完成后通过校验码

的软件计算确定校验码,整个追溯码即完成,可委托编码公司或自行完成追溯码。例如,北京市海淀区某食品集团公司某屠宰厂(仅一条生产线,每天生产 5 个批次)于 2018 年 11 月 20 日生产的第 2 批次带皮片猪肉。追溯码编码如下:

从业者代码段:该集团公司代码为 1,下属屠宰厂为 01(预留 99 个屠宰厂),销售代码为 01(预留 99 个销售商)。在畜肉生产经营主体的质量追溯工作规范中应写明下属屠宰厂的代码、销售商的代码。从业者代码为 10101。

产品代码段:带皮片猪肉为 0001(表 2-9)。

产地代码段:北京市海淀区为 110108(表 2-4)。

批次代码段:由生产日期和批次号组成,生产日期为 6 位数,即年份的后 2 位、月份和日的各 2 位组成,因此为 181120,该厂每天生产批次不超过 9 批的话,批次仅用 1 位数字。因此,批次代码段为 1811202。

校验码:以上代码依次为 1010100011101081811202,共 22 位,按表 2-6 校验码的计算方法,计算结果为 6。

因此,该追溯码为 10101000111010818112026,共 23 位

2. 在企业编码外标出销售代码

生产经营主体完成追溯码时,产品储存产品库待销。若临时批发商或零售商提货时。则销售者可在追溯码外标注销售代码,表示销售者,同时保留原追溯码,反映生产者。

同样,生产企业应在销售记录中表明该货销售的去向信息,以规范工作,实施可追溯,同时也可防止假冒。

【实际操作】

服务业代码可依据 GB/T 7635.2—2002《全国主要产品分类与代码 第 2 部分:不可运输产品》编制。有关畜肉的服务业代码见表 2-12。

表 2-12　服务业代码

代码	服务业
61123	肉、家禽批发业服务
61114	活体动物(包括宠物)批发业服务
62114	非专卖店零售活体动物(包括宠物)提供的服务
62123	非专卖店零售肉、家禽提供的服务
62229	专卖店零售未另归类的食品提供的服务(包括专卖店零售肉、家禽提供的服务)

例如,将带皮片猪肉销售给某批发商时,可在生产者的追溯码后另行

附代码 61123。

第五节　信息采集

全面掌握追溯信息、信息采集点是解读后续内容的基础，因此，在解读信息采集之前，先对其进行释义。信息的规范、完整、真实、准确是保证质量安全追溯顺利进行的基本条件，信息采集方式以及信息录入的要求将在本节一一展开叙述。畜肉生产经营主体的信息采集点、信息采集内容依据追溯产品的生产过程、工艺段和工艺条件进行确定，具体内容将在本节进行阐述。

一、追溯信息

每项社会活动所需采集的信息依据其所要达到的目的决定。农产品质量安全追溯的目的是实施追溯产品的可追溯性，以便产品发生质量安全问题时，根据追溯信息确定问题来源、原因及责任主体。因此，它有独特的信息要求，不同于普通的企业管理。追溯信息主要分为环节信息、责任信息和要素信息 3 种，生产经营主体在实施质量安全追溯前应先明确 3 种信息的要求。

（一）环节信息

所谓环节，指在农产品生产加工流通过程中农产品物态场所相对稳定、生产工艺条件相对固定、责任主体相对明确的组织，这是划分环节的原则，每个生产经营主体可以有所不同。畜肉生产经营主体的生产环节可以分为繁育、育成猪养殖、育肥猪养殖、屠宰销售 4 个相互独立的生产环节。活猪的繁育生产环节包括仔猪出生、哺乳、保育、仔猪出栏 4 个单元；育成猪饲养生产环节包括仔猪收栏、育成猪饲养、育成猪转圈 3 个单元；育肥猪饲养生产环节包括育肥、出栏 2 个单元；屠宰销售生产环节包括待宰、屠宰、分割、包装、入库、出库销售 6 个单元。

环节信息在纸质记录上应确切写明该环节及上一环节的名称或代码（该代码应在管理文件中注明其含义）。例如，一个活猪养殖场有 3 个养殖小区，每个小区有若干繁育圈、育成猪圈、育肥猪圈，它们均实施全进全出饲养方式，且各繁育圈、育成猪圈或育肥猪圈均各自实施相同饲养方式，则该活猪养殖场组成 3×3＝9 个环节。编码某育肥猪圈时，如第 2 养殖小区第 12 育肥猪圈。电子信息代码可编码为 212。

在电子信息中环节由一个或多个组件构成。上述 9 个环节，可组成 9 个组件。

（二）责任信息

责任信息，指能界定质量安全问题发生原因以外的信息，即记录信息的时间、地点和责任人。纸质记录信息的时间应尽量接近农事活动的时间，且准确记录，这就要求农事活动结束后及时准确的记录。同时，纸质记录应及时且准确录入追溯系统确保电子信息反映的是真实的农事活动。例如，兽药使用的休药期，农事活动、纸质记录和电子信息发生时间的误差，均可导致出栏和屠宰时间不恰当，造成兽药残留。

地点指记录地点。一般来说，记录地点与环节一致，在纸质记录上可被省略；但如果记录地点与环节不一致，则须进行记录，如畜肉生产企业的化验室记录宰前和宰后检疫。

责任人指进行纸质信息记录的人员和电子信息录入的人员。记录外购生产投入品时，应记录供应方的信息，以明确其责任。例如，外购兽药，应记录供应方的生产许可证号、批准文号（若进口兽药，则为进口兽药注册证号）、产品批次号或生产日期。若企业购买没有生产许可证号的非法厂商兽药，造成质量安全事故，则该厂商承担非法生产责任，本企业承担购买非法产品的责任。批准文号可指明该兽药适用于何种动物，若仅用于禽类，却误用于活猪，造成质量安全事故，则企业承担责任。产品批次号或生产日期是界定该兽药是兽药生产厂商生产的哪一批次或哪一天生产的。以便在由有资质的检验机构确定该批次或该天生产的兽药有无质量安全问题，而不是让检验机构检验生产的全部兽药产品。因此，生产许可证号、批准文号（若进口兽药，则为进口兽药注册证号）、产品批次号或生产日期是外购兽药不可或缺的责任信息。

（三）要素信息

要素信息，指影响追溯产品质量安全的信息以及国家法律法规要求强制记录的信息。现分述如下：

1. 影响追溯产品质量安全的信息

依据国家有关规定确定要素信息，例如，依据国务院令第 666 号《兽药管理条例》、中华人民共和国农业部公告第 278 号等法规，使用兽药相关记录的要素信息应包括通用名、剂型、稀释倍数、使用量、使用方式、休药期。这些内容都影响到活猪的兽药残留。

2. 国家法律法规要求强制记录的信息

尽管这些信息与当时追溯产品的质量安全无关，但国家要求必须记录及上报，如国务院令第 666 号《兽药管理条例》规定兽药使用的不良反应，

它关系到今后可能发生的质量安全问题，关系到对邻近养殖场的影响。

二、信息采集点

（一）合理设置信息采集点的方法

1. 在质量追溯的各个环节上设置信息采集点

例如，活猪养殖场的信息采集点包括繁育（仔猪出生、哺乳、保育、仔猪出栏）、育成猪饲养（仔猪收栏、育成猪饲养、育成猪转圈）、育肥猪饲养（育肥、出栏）、农资购买部、兽医室、销售。畜肉加工厂的信息采集点包括待宰；刺杀放血、刮毛剥皮、开膛解体、胴体分割；检验；冷却排酸、包装储存；运输销售6个信息采集点（图2-3）。

2. 依据追溯精度保留或合并多个信息采集点

例如，某活猪养殖场有5个养殖小区，每个小区有若干繁育圈、育成猪圈、育肥猪圈。当追溯精度为养殖小区时，则生产部门设置5个信息采集点，再加上农资购买部、兽医室、销售，共8个信息采集点。若追溯精度为圈，且每个小区实行全进全出，统一管理，该小区内各个繁育圈合并为一个信息采集点，各个育成猪圈合并为一个信息采集点；各个育肥猪圈合并为一个信息采集点，生产部门共有15个信息采集点，再加上农资购买部、检验室、销售，共18个信息采集点。

3. 若同一环节内的要素信息有不同责任主体，则除了以上环节信息采集点外，还应在环节中设置要素信息采集点

例如，上述活猪养殖场的育肥猪环节中饲料采购不是由养殖人负责，是由专门的饲料采购部门负责，则应增加饲料采购信息采集点。

4. 若某工艺段同时可设为环节信息采集点和要素信息采集点，则仅设一个信息采集点

例如，上述活猪养殖场的繁育圈有2个，育成猪圈有10个。繁育后健康仔猪统一由部门收集，再分配给10个育成猪圈，则收集部门这个环节，不必设立信息采集点，直接与育成猪圈设立的信息采集点合并。

（二）设置信息采集点时需注意点

1. 与质量安全无关的工艺段，不设信息采集点

如畜肉生产企业的生猪屠宰致昏（图2-3），致昏的方式（即电击或非电击）只影响动物福利和肉质，而肉质好坏并不影响产品标准规定的质量。由此可见，质量追溯不同于"全面质量管理"（TQC），致昏工艺段无须设立信息采集点。

2. 一台计算机可用于若干信息采集点

多个信息采集点的纸质记录可由同一个计算机录入。因此，计算机数量可以少于信息采集点数量。

3. 信息采集点不应多设，也不应漏设

信息采集点多设会使信息采集烦琐，漏设会使信息缺失、断链，乃至质量追溯无法进行。

4. 同一质量安全项可发生在数个工艺段上，应设数个信息采集点

如冷却肉中铁质杂质发生在屠宰工艺段（屠宰刀具碎片残留），也可发生在检验工艺段（是否检出铁质杂质），这两个工艺段都应设置信息采集点，以便追溯责任主体。

三、信息采集方式

（一）纸质记录

生产经营主体设计的纸质记录应为表格形式，便于内容规范，易于录入计算机等电子信息采集设备。该表格的形式应符合 GB/T 1.1—2009 《标准化工作导则 第 1 部分：标准的结构和编写》中规定，应具有表题、表头，所列内容应齐全。以兽药为例，若兽药购买和使用由一个责任主体承担，则可以设计和填写一个购买和使用信息表（表 2-13）；若兽药购买和使用分别由不同责任主体承担，则分为 2 个表，即兽药购买表（表 2-14）和兽药使用表（表 2-15）。

（二）电子记录

采用计算机或移动数据采集终端等电子信息采集设备采集信息，该信息通过局域网等方式进行传输。电子记录应设备份，以免信息丢失或篡改；还应打印成纸质，由责任人签字后备案。

四、信息记录

（一）纸质记录要求

1. 真实、全面

（1）记录内容与生产活动一致 不应不记、少记、乱记农事活动及生产投入品。

（2）记录人真实 由实际当事人记录，并签名，不同部门的记录人不可代签名。

（3）记录时间真实　形成内容时及时记录，不应事后追记。

（4）记录所有应该记录的信息　包括上述的环节信息、责任信息和要素信息。

（5）记录能与上一环节唯一性对接，以实施可追溯　例如，兽药使用记录表应有兽药通用名、生产厂商、批次号（或生产日期）。这3项内容可与兽药购买记录表上的兽药通用名、生产厂商、批次号（或生产日期）唯一性对接。追溯时不至于追溯到其他兽药、其他生产厂商生产的同名兽药、同一生产厂商生产同名但不同批次的兽药，保证追溯的顺利进行。否则，会造成追溯的中断，或不能追溯到预想的效果。

2. 规范

（1）格式化　首先是表题确切。每个表都应有一个表题，标明表的主题，如"兽药使用信息表"。加入时间和环节信息更好，如"2012年第一生产队兽药使用信息表"，便于归档（以免烦琐地在表内或表下重复写入时间和环节信息）。

其次是表头包含全部信息项目。各项内容不重复、不遗漏，信息项目包括环节信息。生产链始端的环节（如兽药使用记录）应符合追溯精度（如生产队或农户），生产链终端的环节（如销售记录）应符合追溯深度（如销售部或批发商）。每个环节信息应包含上一环节（可用名称或代码）的部分信息（通用名、生产商名称、产品批次号），可唯一性地追溯到上一环节（兽药库或供应商），否则无法实施可追溯。环节信息和时间信息的年份可列于表题，表头仅涉及日期，对于数天才完成的农事，应列出时间的起始。责任人可列于表头或表下。

最后是表头项目所有量值单位应是法定计量单位。单位应具体，同一项目的单位应一致，如kg。

（2）记录清晰、持久　用不褪色笔记录，字迹清晰，每栏都需记录（若无内容，记"无"），用杠改法修改（用单或双线划在原记内容上，且能显示原内容，修改人盖章以示负责）。这样的记录使任何人无法篡改，只由记录人负责。

（3）上传追溯码前应具备所有纸质和电子记录。

（4）追溯产品投放市场前应具备所有纸质和电子记录。

（二）电子记录要求

1. 录入及时性

电子记录录入的及时与纸质记录的及时相匹配，检查计算机使用登记可判断录入时间。

2. 录入准确性要求

准确地将纸质记录录入计算机,电子信息应与纸质信息一致。若录入人员发现纸质信息有误,应通知纸质记录人员按杠改法修改,计算机操作人员无权修改纸质记录。

以下是兽药采购和使用示例,若兽药采购和使用由一个单元(如农户组)承担,则可用表2-13记录。

表2-13 ××××年××农户组兽药采购和使用信息

序号	环节	采集点	通用名	生产商名称	生产许可证号	批准文号	产品批次号(或生产日期)	购买数量(t或kg)	有效期	使用牲畜及防治对象	剂型及含量	稀释倍数	使用量(g/头或mL/头)	使用方式	休药期	使用时间	使用地(圈或小区)	使用人	备注

表2-13中"使用牲畜及防治对象"适用于多品种追溯产品。

若兽药采购和使用由不同单元承担,前者由农资供应科承担,后者由农户组承担,则设计成2张表(表2-14、表2-15)。

表2-14 ××××年农资供应科兽药采购信息

序号	环节	采集点	通用名	生产商名称	生产许可证号	批准文号	产品批次号(或生产日期)	购买数量(t或kg)	有效期	休药期	购买时间	购买人	备注

表2-15 ××××年××农户组兽药使用信息

序号	环节	采集点	通用名	生产商名称	产品批次号(或生产日期)	使用牲畜及防治对象	剂型及含量	稀释倍数	使用量(g/头或mL/头)	使用方式	休药期	使用时间	使用地(圈或小区)	使用人	备注

表2-14、表2-15依据通用名、生产商名称、产品批次号(或生产日期)可以作唯一性对接,实施追溯;或者在使用信息表上用兽药采购序号代替

生产商名称、产品批次号（或生产日期），也可作唯一性对接，实施追溯。

（三）原始记录档案保存

1. 原始记录应及时归档，装订成册，每册有目录，以便查找方便。

2. 原始档案有固定场所保存，有防止档案损坏、遗失的措施。

以下解读标准时，信息记录的内容不再叙述以上篇幅已叙述过的环节信息和责任信息，仅叙述要素信息。

五、产地信息

【标准原文】

6.1 产地信息

产地代码、养殖者档案、产地环境监测等信息。

【内容解读】

产地代码可参照第二章第四节"一、养殖环节"中"（二）养殖地编码"的"标准原文"及其"内容解读"和"实际操作"，编制全国统一的代码；也可自定义编制十进位数的数字码，列入追溯码中。

养殖者档案参照第二章第四节"一、养殖环节"中"（三）养殖者编码"的"标准原文"及其"内容解读"。

产地环境监测信息包括以下影响牲畜质量安全的水、土、大气的现状环境质量：

1. 水质

水质涉及牲畜饮水。依据 GB 2762—2017《食品安全国家标准　食品中污染物限量》，肉与肉制品中铅、镉、汞、砷、铬有限量要求。依据 GB 2763.1—2018《食品安全国家标准　食品中百草枯等 43 种农药最大残留限量》，畜肉与畜肉制品中有丁硫克百威等 34 种农药最大残留限量要求。以上污染物和农残主要由饮水和饲料所致。牲畜饮水水源类型及所需环节监测信息如下：

（1）生活饮用水　即供居民的自来水，不需环境监测。

（2）生活饮用水水源　如政府管理的水库，不需环境监测。

（3）深井水　即供水层为土层下的基岩，且井壁密封。深井水的水量常年稳定；水质稳定，不受地表水和土层渗水影响。不需环境监测。

（4）浅井水　即供水层为土层。浅井水的水量不稳定，丰水期（7～8月为典型）水位上升，枯水期（1～2月为典型）水位下降；水质不稳定，受地表水和土层渗水影响。需每年丰水期及枯水期各做一次环境监测，监测项目为上述的重金属和农药。

（5）地表水 包括河、溪、湖以及非生活饮用水水源的水库等。需每年丰水期及枯水期各做一次环境监测，监测项目为上述的重金属和农药（表 2-16）。

表 2-16 水质检测信息

序号	水源类型	检测单位	检测时间	灌溉地块	检测结果（mg/kg）						记录日期	记录人
					铅	镉	汞	砷	铬	农药		

2. 土壤

土壤中病毒等微生物和寄生虫可能引起牲畜的疫病（包括传染病和寄生虫病）。依据流行性病调查情况、近年国家强制免疫情况和生产经营主体自行免疫情况决定是否作土壤微生物和寄生虫检验。

3. 大气

大气环境质量对牲畜的影响主要是细菌和病毒的传染，如结核病等。依据流行性病调查情况、近年国家强制免疫情况和企业自行免疫情况决定是否作大气微生物监测。

六、养殖信息

【标准原文】

6.2 养殖信息

种畜；繁殖；仔畜、育肥畜的饲养、卫生防疫、兽医兽药、无害化处理、出栏检疫等信息。

【内容解读】

1. 种畜、繁殖

对自繁自养的养殖场，需记录种畜和繁殖信息；对引进仔畜的养殖场，不需记录种畜和繁殖信息。种畜信息应记录牲畜品种名称、种畜来源、数量、年龄及健康状况；繁殖信息应记录繁殖数量（以便仔畜分圈）、健康状况。

2. 仔畜、育肥畜的饲养

（1）饮水 见第二章第五节"五、产地信息"中"内容解读"的"1. 水质"。

79

（2）饲料　对外购饲料商品，应记录饲料通用名、生产厂商、批次号或生产日期、饲喂量；对自配饲料，饲料原料由企业自行种植，饲料添加剂外购。为实施可追溯，自行种植的饲料原料所使用的农资也属追溯内容，包括农灌水、肥料、农药信息（见实际操作部分）以及饲料配方。

3. 卫生防疫

（1）卫生　卫生条件是造成牲畜疫病的原因之一。卫生措施是否适当，可造成不同的效果，甚至可能造成副作用。造成副作用的缘由主要是消毒剂的使用。消毒剂属于兽药，有一定的使用规范。消毒剂与医用兽药的最主要区别是消毒剂没有休药期，正因为没有休药期，正确使用消毒剂不会造成残留，所以使用时间与出栏、屠宰没关系。消毒剂的购买和使用信息是兽药购买和使用信息的一部分，在兽药部分叙述。

（2）防疫　防疫包括国家规定的强制免疫和生产经营主体决定的自行免疫。强制免疫是根据当地暴发疫病的流行病调查，由当地卫生防疫部门执行，生产经营主体协助完成。自行免疫是生产经营主体根据其牲畜疫病预报或诊断，自主执行完成。无论是何种免疫，都需向国家规定的有资质的疫苗生产部门购买疫苗。疫苗属于兽药范畴，其记录的信息在兽药部分叙述。

4. 兽医兽药

兽医师是指职业兽医师，每个牲畜养殖场应配置兽医师。除进行疫病诊断和兽药使用外，兽医师有权开具兽用处方药（指凭兽医师处方方可购买和使用的兽药）、有权决定标签外用药（包括增加剂量）。尽管兽医师有这两个权限，但在没有充分把握的情况下，应避免之。

兽药包括 4 类，即医用兽药、疫苗、消毒剂、诊断制品。依据农业部公告第 278 号，医用兽药中有 91 种无休药期。另外，中药及中药成分制剂、维生素类、微量元素类、兽用消毒剂、生物制品类 5 类产品（产品质量标准中规定有休药期的除外）没有休药期。

兽药购买和使用的信息见实际操作部分。

5. 无害化处理

病、死牲畜及其产品的无害化处理是为了防止疫病的传染，依据《农业部关于印发〈病死及病害动物无害化处理技术规范〉的通知》（农医发〔2017〕25 号），方法如下：

（1）焚烧法　在焚烧容器内，富氧或无氧条件下，进行氧化反应或热解反应的方法。

（2）化制法　在密闭高压容器内，向其夹层或内部通入高温饱和蒸汽的方法。

（3）高温法 在密闭常压容器内，进行高温处理的方法。

（4）深埋法 深埋坑中，并覆盖、消毒的方法。

（5）硫酸分解法 在密闭容器内，按一定条件分解的方法。

无害化处理应记录的要素信息包括畜种，病死原因，无害化处理方法及其投入品。

6. 出栏检疫

出栏检疫是由当地检疫部门执行，生产经营主体协助完成。检疫结束后，由检疫部门出具检疫合格证，以此作为出栏检疫的信息。

【实际操作】

1. 自产饲料记录信息

（1）灌溉用水及其信息记录内容

①灌溉水应执行的标准。

（a）普通食品和有机食品应执行 GB 5084—2005《农田灌溉水质标准》，不应执行 GB 3838—2002《地表水环境质量标准》和 GB/T 14848—2017《地下水质量标准》。因为这 3 个标准规定的项目和指标值不完全等同，只要达到 GB 5084—2005《农田灌溉水质标准》要求的，不管应用地表水或地下水均可以。灌溉水送检时应执行 GB 5084—2005《农田灌溉水质标准》，记录内容见表 2-17。

（b）绿色食品应执行 NY/T 391—2013《绿色食品 产地环境质量》。该标准规定了农田灌溉水质限量，即 pH、总汞、总镉、总砷、总铅、六价铬、氟化物、粪大肠菌群及其指标值。

②灌溉用水信息记录内容。包括灌溉的作物、地块、时间、方式、水质、水量、记录时间、责任人。其中水质这项包括是否有污染物及农残（见本节"五、产地信息"中"内容解读"的"1. 水质"）见表 2-17。

表 2-17 灌溉用水信息

地块	作物	灌溉时间	灌溉方式	灌溉水质（污染物及农残）	灌溉水量	记录时间	责任人

（2）肥料施用及其信息记录内容

①肥料种类。肥料分类方法很多，从成分的化学性质上，可分为有机、无机和有机无机肥料；从养分数量上，可分为单一、配方肥料；从肥效上，可分为速效、缓效（缓释）肥料；从物理状态上，可分为固体肥

81

料、液体肥料等。这就造成了社会上出现各种各样的肥料名称。应从农业生产角度分类，便于肥料实践施用。

（a）从施用方式及目的进行分类。

基肥（底肥）：作物播种或移栽前结合土壤耕作施用的肥料。施用量大，以有机肥和氮、磷、钾肥为主，除以上肥种外可适量施用微量元素肥。

种肥：拌种或定植时施于幼苗附近的肥料。多用有机肥、速效化肥或菌肥。

追肥：植物生长发育期间追施的肥料。多用速效化肥，施于土壤的称土壤追肥，施于叶面的称叶面追肥。

（b）从肥料来源进行分类。

有机肥（农家肥）：营养成分多样，且可改良土壤，常用作基肥。它可分为以下几种：

第一种为粪尿肥，包括人及畜禽粪尿。这种肥料施用前必须充分腐熟，以杀死其中细菌和寄生虫。腐熟方法应因地制宜，如，北方多次拌土日晒，直至基本无臭味、无黏稠粪粒，也可适量拌用杀菌液，制成土肥，但不可不拌土晒成干粪；南方高温多雨，可粪尿长期混存，也可适量拌用杀菌液，制成水肥；工业生产时，可拌黏土（红土或黑土），通过好氧发酵或厌氧发酵，然后造粒，制成粒肥。

第二种为堆沤肥，包括畜禽圈舍粪尿拌以土、草、秸秆形成的厩肥，采用圈内堆沤腐熟方法或圈舍外堆沤腐熟方法；人畜禽粪尿拌以生活污水、土、草、秸秆、适量石灰形成的堆肥，可采取日晒发酵；人粪尿拌以泥土和草、秸秆、绿肥等植物，在淹水状态下形成的沤肥，可采取长期存放发酵。

第三种为绿肥，绿肥品种多样，常见的有作物绿色叶、茎翻入土壤的肥料，包括部分大田作物和蔬菜收获后翻入土壤的绿肥、苜蓿等多年生绿肥、水萝卜和水葫芦等水生绿肥。

第四种为秸秆肥，即大田作物秸秆翻入土壤的肥料。

第五种为饼肥，即油料作物籽实榨油后剩下的残渣做成的肥料。

化肥：营养成分含量高，肥效快，常用作追肥。它可分为以下 2 种：

一是大量元素肥料，主要包括氮肥（常用的尿素、一铵、二铵）、磷肥（常用的一铵、二铵以及肥效缓慢的过磷酸钙）、钾肥（常用的硫酸钾以及个别作物用的氯化钾）。除此以外，还有酸性土壤和缺钙土壤用的钙肥（常用生、熟石灰和碳酸钙）、酸性土壤和缺镁土壤用的镁肥（常用硫酸镁、硝酸镁、碳酸镁和菱镁矿）、碱性土壤和缺硫土壤用的硫肥（常用与其他元素结合的硫酸盐）。

二是微量元素肥料，主要呈复混肥（复合肥和混合肥总称）形式，可呈氮磷钾肥，也可混入多种微量元素呈复混肥。金属元素主要呈硫酸盐、氯化物形式，如铁、锰、铜、锌；非金属元素主要呈酸性氧化物、含氧酸形式，如硼、钼；而氯则结合其他元素，呈氯化物，并无单独的氯肥。

微生物肥料（菌肥）：含有活性微生物的肥料，起到特定的肥效。如根瘤菌肥料、固氮菌肥料以及复合微生物肥料等。

②肥料施用原则。肥料的作用是供给植物养分，提高农产品产量和质量；培肥地力，使土壤保持可持续的肥力；改良土壤，维护团粒结构，保持良好的通气性和养分输送能力；不污染环境，避免土壤重金属等有害成分积累和暴雨径流致使的水体富营养化。因此。在施用肥料时不能片面着重一个方面，而忽视其他方面。施肥的原则应是"提高作物产量和品质，提高土壤肥力，提高肥料效益，不对环境造成污染"。为此，可根据作物特性，因地制宜地采取配方施肥、测土施肥、深施、混施、使用缓释肥料，并对有机肥进行无害化处理。

③肥料施用的信息记录中应包含要素信息具体内容如下：

（a）肥料名称。应记录通用名称，若有可能，应记录有效成分及其含量；

（b）肥料来源。若为当地自产，如腐熟农家肥（如堆沤肥，包括畜禽圈舍粪尿拌以土、草、秸秆形成的厩肥），应注明腐熟方法（日晒发酵；人粪尿拌以泥土和草、秸秆、绿肥等植物，在淹水状态下形成的沤肥，可采取长期存放发酵等）；外地出产的腐熟农家肥应注明生产地点（或单位）。

（c）商品肥应注明产品标准。

（d）施用作物。

（e）施用环节。包括拌种施肥、定植施肥、基肥、生长时期土壤追肥、生长时期或开花结果时期的叶面追肥。

（f）施用量。

（g）施肥地块。

（h）施肥时间。

（i）施肥责任人。

（j）需记录的其他信息，如农家肥腐熟方式等。

将以上 10 项制成表格（表 2-18）。

表 2-18　肥料施用信息

肥料名称	肥料来源	肥料产品标准	施用作物	施用环节	施用量（kg）	施肥地块	施肥时间	施肥责任人	备注

（3）农药采购、使用及其信息记录内容　农药在种植环节的使用。农药的作用是防治虫、菌、草、鼠害，对应农药分别有杀虫剂、杀菌剂、除草剂、杀鼠剂、植物生长调节剂。

①农药使用原则。农药使用应合理安全，遵循以下原则：

（a）不使用禁用农药。

（b）用药少、效果好，避免盲目使用、超范围使用、超剂量使用。应预防为主，治理为辅，科学用药。

（c）避免和延缓虫菌产生抗药性，可多种农药混合使用，以避免单一农药不合理的多次重复使用。

（d）收获离使用时间应不少于安全间隔期（最后一次用药距收获的天数）。安全间隔期取决于农药品种、有效成分含量、剂型、稀释倍数、用药量、用药方式等，少则 1d，多则 45d。应参照 GB 8321《农药合理使用准则》系列标准及其他有关规定。

（e）对植物无药害，对人畜禽和有益生物安全，减少环境污染，应注重科学用药方式和人畜禽防护。

②禁止购买证件不全的农药。根据国务院 2017 年第 677 号令《农药管理条例》规定，农药经营者采购农药应当查验产品包装、标签、产品质量检验合格证以及有关许可证明文件，不得向未取得农药生产许可证的农药生产企业或者未取得农药经营许可证的其他农药经营者采购农药。

③禁止不按国家标准使用农药。根据 GB/T 8321《农药合理使用准则》系列中的 9 个标准，确定使用的剂型、含量、适用作物、防治对象、使用量或稀释倍数、用药方式、使用次数、安全间隔期。不按此使用，由使用者承担责任。

④农药采购使用信息记录内容。信息记录表的形式，原则上如同兽药记录表 2-13、表 2-14、表 2-15。所列信息解释如下：

（a）农药名称。通用名，不用商品名称（由于商品名称多样，不规范，不利于质量安全追溯，应使用通用名，即农药登记时的名称）。

（b）农药来源。应注明供应商名称，同时应注明"三证号"，即生产许可证号或批准文件号（表明我国法律和行政管理部门允许生产）、登记证号（表明法律和行政管理部门允许用于的作物）、产品批号或生产日期

（标明批次，便于追溯）。

（c）使用作物及防治对象。当饲料原料多种时，应填写该项内容。

（d）有效成分含量和剂型。商品复配农药应注明每种农药的含量。

（e）稀释倍数。

（f）使用量。

（g）使用方式。

（h）用药地块。

（i）用药环节、次数和时间。

（j）收获日期及安全间隔期。

（k）用药责任人。

（l）需记录的其他信息（备注），如自行复配农药的复配方式等。

将以上 12 项加上环节和责任信息，制成表格（表 2-19）。

表 2-19 ××××年××农户组农药采购和使用信息

序号	环节	采集点	通用名	生产商名称	生产许可证号	登记证号	产品批次号（或生产日期）	购买数量（t 或 kg）	有效期	使用作物及防治对象	剂型及含量	稀释倍数	使用量（g/667m² 或 mL/667m²）	使用方式	安全间隔期	使用时间	使用地块	使用人	备注

若农药采购和使用不是一个组织或个人，则按采购和使用分成 2 张表（表 2-20 及表 2-21）。两张表间依据通用名、生产商名称、产品批次号（或生产日期）可以作唯一性对接，实施追溯。或者在使用信息表上用农药采购序号代替生产商名称、产品批次号（或生产日期），也可作唯一性对接，实施追溯。

表 2-20 ××××年农资供应科农药采购信息

序号	环节	采集点	通用名	生产商名称	生产许可证号	登记证号	产品批次号（或生产日期）	购买数量（t 或 kg）	有效期	安全间隔期	购买时间	购买人	备注

表 2-21　××××年××农户组农药使用信息

序号	环节	采集点	通用名	生产商名称	产品批次号（或生产日期）	使用作物及防治对象	剂型及含量	稀释倍数	使用量（g/667m² 或 mL/667m²）	使用方式	安全间隔期	使用时间	使用地块	使用人	备注

2. 养殖记录信息

（1）养殖用水及其信息记录内容

①养殖用水标准。牲畜养殖用水的水质尚未有标准规范，应达到 GB 5749—2006《生活饮用水卫生标准》要求。这是指水源的水质要求，但实际上，当牲畜饮用水流入水槽时，水质已经下降，尤其是微生物项目。因此，牲畜实际饮用的水已不可能达到该标准要求。

②养殖用水信息记录内容。养殖用水的要素信息应包括养殖品种、水量等一般管理项目。质量追溯的检测和验收中应查出养殖用水是否符合上述标准。

（2）饲料采购、使用及其信息记录内容　饲料由饲料原料加饲料添加剂组成，饲料原料可以是单一品种或多品种饲料原料。

①饲料分类。饲料是饲养动物的营养来源，直接影响其生产性能。传统的国际饲料分类如下：

（a）粗饲料为干物质中粗纤维含量不低于 18% 的风干形式，包括干草（豆科干草、禾本科干草、野杂干草、苜蓿、羊草等）、秸秆（豆科秸秆、禾本科秸秆）、秕壳（种子外壳、荚皮等）。干草的营养价值和适口性都较好；秸秆的适口性较好，营养价值较差；秕壳适口性较差，营养价值较好。

（b）青绿饲料包括水分大于 45% 的新鲜牧草，包括草原天然牧草、野菜；未成熟的谷物植株、水生植物等栽培牧草，营养价值和适口性都较好。

（c）青贮饲料指控制高水分饲料的发酵作用，繁殖乳酸菌，抑制有害微生物，得到的可长期存放的饲料。为促使发酵可加入培养基，如喷撒糖渣液；也可加入抑制有害微生物的甲酸。青贮饲料的常见品种为青贮玉米、青贮黑麦草和青贮紫云英等。青贮饲料的优点除了能长期保存外，还具有良好的适口性，增加动物采食量。但氮利用率常低于同源的青绿饲料和干草。

(d) 能量饲料指粗纤维低于 18%，且粗蛋白低于 20% 的饲料。包括谷物类的玉米、大米、小麦、大麦等；谷物加工副产品类的米糠、麦麸等；脱水块根块茎瓜果类的胡萝卜、甘薯、木薯和各种残次果等；动植物油脂类的不合格动物胴体和内脏油脂、菜籽油、棉籽油和工业合成油脂（如矿物油、石油裂解烃、肥皂生产的脂肪酸副产品等）。

(e) 蛋白质饲料指粗纤维低于 18%，且粗蛋白不低于 20% 的饲料。由于蛋白质含量高，因此这类饲料均为加工饲料。它分成以下 5 类：

——饼粕类饲料，油料作物榨油后压制成饼状的称油饼；油料作物经溶剂提取油脂后呈片状或颗粒状的称油粕。常见的有大豆饼粕、花生饼粕、芝麻饼粕、菜籽饼粕和棉仁饼粕。

——动物性蛋白质饲料，由动物组织加工成的高蛋白质饲料，其中含有丰富的微量元素和维生素。常见的有鱼粉（蛋白质可高达 40%）、肉粉和肉骨粉（包括内脏、脂肪，但不包括血、皮、毛、蹄、角）、血粉、水解羽毛粉。

——微生物蛋白质饲料，常见的有淀粉加工废液或造纸木材水解液培养的酵母粉、酒糟固体发酵的酵母粉。

——人工合成含氮物质，常见的有饲料氨基酸（主要是赖氨酸、蛋氨酸）、尿素、缩二脲等。

——其他加工副产品，如玉米蛋白粉、啤酒糟等。

(f) 矿物质饲料包括天然和人工合成的含不同元素的饲料。如钙源的石灰石、碳酸钙、石膏等，磷源的磷灰石、磷酸钙、磷酸钠等，钠氯源的原盐、食盐等，镁源的菱镁矿、氧化镁、硫酸镁等。

(g) 维生素饲料包括各种工业维生素制品，即维生素加入抗氧化剂、稳定剂和载体制成粒状维生素饲料。

(h) 饲料添加剂的作用是强化饲料营养价值（如维生素类、矿物质类饲料添加剂）；改善适口性（如着色剂）；提高摄入量（如诱食剂）；保护饲料中营养物质（如防腐剂），避免储运期损失（如抗氧化剂）；提高饲料中营养物质的吸收率（如饲料氨基酸类）；促进动物生长发育（如促生长剂）；预防疾病（如抗生素）等。因此，饲料添加剂可分为以下 5 类：

——抗生素类，包括大环内酯类的螺旋霉素、泰乐霉素、林可霉素、红霉素等；多肽类的恩拉霉素、灰霉素、高杆霉素等；含磷多糖类的黄霉素、大炭霉素、魁北霉素等；聚醚类的盐霉素、莫能霉素、拉沙里霉素；四环素类的四环素、土霉素、金霉素等；氨基糖苷类的越霉素 A、潮霉素 B 等；其他有磺胺类和咪唑类等。

——酶制剂，包括纤维素酶、半纤维素酶、葡聚糖酶、果胶酶等。

——激素和类激素，包括性激素类的己烯雌酚、己烷雌酚、己雌酚等；促甲状腺素类的碘化酪蛋白（促进泌乳）、抑甲状腺素类的硫脲嘧啶和甲巯咪唑（育肥）；生长激素类的二羟基苯甲酸内酯等。激素和类激素饲料添加剂禁止用于绿色食品。

——益生菌，包括乳酸杆菌、双歧杆菌、酵母菌和芽孢杆菌等。

——其他，畜禽饲料中如有机酸类中适用于单胃动物的延胡索酸、柠檬酸；适用于反刍动物的异戊酸、异丁酸等；驱虫剂类的氨丙啉、球痢灵等；防腐剂类的苯甲酸、山梨酸和丙酸及其盐；着色剂类的叶黄素、胡萝卜素、类胡萝卜素等。

②配合饲料。配合饲料可提高饲料的利用效率，其分类法甚多，从形状分为粉状、粒状、膨化状、液体等；从饲喂动物分为猪用、牛用等。但更科学实用的分类法是按营养成分，分为以下4类：

（a）全价配合饲料，除水分外可满足动物全部营养需要。

（b）精料补充料，饲料中除粗饲料、青绿饲料、青贮饲料外，其他均称为精饲料。它们以一定比例混合组成混合精料。饲喂时，可补充粗饲料、青绿饲料、青贮饲料，因而称为精料补充料。精料补充料与粗饲料、青绿饲料或青贮饲料混合使用可满足动物全部营养需要。

（c）添加剂预混料，由一种或多种饲料添加剂，与载体或稀释剂按一定比例配制而成，它不能直接饲喂，仅可作为混合饲料的一部分。

（d）浓缩饲料，由蛋白质饲料、矿物质饲料和添加剂预混料按一定比例配制而成，它不能直接饲喂，顺添加能量饲料配制成全价配合饲料。

③饲料储存。饲料收获后经过储存才饲喂动物，储存期长短不一，储存条件各地不同。储存期可能发生污染使饲料营养价值下降，甚至产生毒素，危及动物和消费者健康，应引起充分注意，采取以下措施：

（a）饲料避免阳光直晒，饲料库应通风良好，双层库顶，防止库内温度过高。

（b）饲料库保持干燥，堆放应离墙，地面有垫板，堆层不应太高，防止湿度过高。

（c）入库前经室外晾干，苜蓿切段后应捆绑紧实，尽量挤出茎内水分，防止霉变。

（d）可喷洒糖渣液等加快乳酸菌繁殖；喷洒甲酸等抑制有害微生物，防止饲料腐败。

④饲料采购和使用信息记录内容。饲料采购和使用信息的具体内容如下：

（a）饲料名称，单一或配合饲料名称。若有饲料添加剂，应在备注项内注明其成分。

（b）饲料（包括饲料原料、饲料添加剂）来源：自制或外购的。外购应注明供应商名称，同时应注明"三证号"，即生产许可证号或批准文件号（标明我国法律和行政管理部门允许生产）、登记证号（标明法律和行政管理部门允许用于的作物）、产品批号（标明批次，便于追溯）。

（c）产品标准。

（d）保质期。

（e）饲喂动物。

（f）使用环节、信息采集点。

（g）使用时间。

（h）使用量。

（i）饲料种植地块。

（j）饲料储存条件（温度、湿度、堆码方式、通风状况）。

（k）需记录的其他信息：如自行复配饲料的复配方式等（表2-22）。

表2-22　××××年××农户组饲料采购和使用信息

序号	环节	采集点	通用名	生产商名称	生产许可证号	登记证号	产品批次号（或生产日期）	购买数量（t或kg）	有效期	饲喂对象	成分含量	饲喂时间	饲喂量（kg/头）	饲喂方式	使用人	备注

（3）兽药采购、使用及其信息记录内容

①疾病防治。依据《中华人民共和国动物防疫法》和《中华人民共和国传染病防治法》，应切实做好疾病防治工作。畜肉生产经营主体应掌握疾病防治的知识，积极配合动物疾病防疫机构和检疫机构做好防疫、检疫工作。疾病防治应采取综合防治措施，包括"养防检治"（即饲养、防疫、检疫、治疗）4个方面。规模化饲养中传染病流行的3个环节是传染源、传布途径、易感动物。因此控制其中一个环节，就可控制传染病。在综合防治中应注意以下3点：

（a）防疫着眼于群体，而不是个体，及时采取群体措施。

（b）搞好各个预防措施，包括饲养管理、卫生防疫、预防接种、检疫、隔离、消毒等。

（c）发生疫病及时治疗、扑杀和无害化处理。

②兽药使用原则。

（a）必须符合《中华人民共和国兽药典》《兽药管理条例》以及有关质量标准，如兽药质量标准、兽用生物制品质量标准、进口兽药质量标准等。

（b）不得使用国家明令禁用的兽药。

（c）使用日期离屠宰日期应超过休药期（停药期）。所谓休药期是指最后一次用药至许可产出畜禽产品的间隔时间。

（d）不危害动物及其消费者健康。

（e）兽残超标关系到消费者的人身健康和安全，防止兽残超标的措施如下：

遵守休药期规定，按照国家规定用药，不同兽药对不同动物有不同的休药期，短则0d，长则40d（农业部第278号公告《部分兽药品种的停药期规定》）。

按兽医师处方或药物标签、说明书用药，禁止随意地加大剂量、延长用药时间、同时使用多种药物、标签外用药（包括动物种属、适应症、给药途径、剂量和疗程规定以外的应用）。

不使用禁用药物、未经批准的药物，禁用药物指国家或有机食品、绿色食品不准使用的药物，未经批准的药物指尚未经过行政审批的药物，这种药物无准确的用法、用量、休药期规定。

建立用药档案，健全用药记录，可随时检查用药情况，遵守用药和休药期规定。

家畜出栏至屠宰前的过程，在运输过程中不使用药物，如使用氯丙嗪和地西泮（安定）减少运输中发病和死亡。

③防疫和检疫。

（a）防疫。防疫是用人工方法将生物制品（疫苗、菌苗、高免抗血清等）在动物不发病时注入动物体内，产生免疫应答，对疾病产生抵抗力。依据《中华人民共和国动物防疫法》，防疫包括两种情况：一种是强制免疫，即国家统一防疫接种，如畜类的一类动物传染病口蹄疫；另一种是自行免疫，即养殖场根据本场疫病发病史和周围传染情况，由本场向当地动物防疫监督部门申请购买疫苗，进行接种。疫苗属于兽药范畴，执行兽药购入和使用登记程序。

（b）检疫。检疫由国家动物防疫监督部门对国家规定的疫病（包括传染病和寄生虫病）进行检疫，并签发检疫证明。养殖场工作人员配合国家兽医检疫人员进行工作，核对牲畜种类、头数、注意病死牲畜，并协助检疫。检疫后采取科学合理的处理措施，如宰前检疫后对牲畜采取准宰（合格健康牲畜）、急宰（无碍产品卫生的普通病患牲畜）、缓宰（疑似传染病牲畜，应隔离）、禁宰（急性烈性传染病患或人畜共患病患牲畜，如口蹄疫、猪瘟等，应扑杀销尸）四种措施。

④兽药采购、使用信息记录内容。兽药采购、使用信息见表2-13、表2-14、表2-15，具体内容解释如下：

（a）兽药（包括医用兽药、疫苗、消毒剂）名称。通用名，即兽药登记时的名称。

（b）兽药来源。应注明供应商名称，同时应注明"三证号"，即生产许可证号（标明我国法律和行政管理部门允许生产）、批准文件号（标明法律和行政管理部门允许用于的动物品种）、产品批次号或生产日期（便于追溯）。

（c）有效期。提醒用药时间。

（d）当追溯产品多种时，使用牲畜及防治对象应填写明确。

（e）剂型和含量。同一兽药，不同剂型的休药期不同。

（f）稀释倍数。其大小影响兽药残留。

（g）使用量。其大小影响兽药残留。

（h）使用方式，如注射、饲喂、喷淋等。若使用方式不当，会导致兽药残留不符合规定。

（i）使用地。如圈、养殖小区等，应与追溯精度一致。

（j）使用时间。

（k）休药期。

（l）用药责任人。

（m）备注。需记录的其他信息，如自行复配兽药的复配方式等。

七、屠宰加工信息

【标准原文】

6.3　屠宰加工信息

进厂检疫、清洗消毒、屠宰、宰后检疫、分割、无害化处理以及包装等信息。

【内容解读】

1. 进厂检疫（宰前检疫）

以生猪为例，依据国务院令第 525 号《生猪屠宰管理条例》的第二条"国家实行定点屠宰，几种检疫制度"规定，除农村地区个人自宰自食、边远地区仅向当地市场供应生猪产品的小型生猪屠宰场点外，一律由国家批准定点屠宰厂（场），实行集中检疫。由国家动物防疫监督部门对国家规定的疫病（包括传染病和寄生虫病）进行检疫，并签发检疫证明。养殖场工作人员配合国家兽医检疫人员进行工作。若无传染病和寄生虫病，则开具检疫合格证，允许屠宰。否则，去除疫病牲畜，进行无害化处理。

宰后检疫同上。质量安全追溯的记录是检疫合格证。

2. 清洗消毒

经检疫合格的牲畜，屠宰加工的第一步是去毛（肉牛还需去皮）、头足、血和内脏。然后进行畜肉清洗，除了用清水（屠宰加工厂在城市中用自来水，不必监测和记录信息）外，还用消毒剂，一般使用次氯酸钠，它不会造成有害物质残留。但如果次氯酸钠不纯，杂质就可能造成有害物质污染。因此，清洗消毒的信息记录内容是清洗用消毒剂的品种、消毒液浓度、剂量、消毒方式、清洗程序。

3. 屠宰和分割

屠宰和分割使用的刀具有可能发生碎裂，碎片残留畜肉之中。因此，屠宰加工工艺中有金属探测器，检查畜肉中有无金属物质，信息记录应是金属探测结果。

同时，产品标准有微生物要求的畜肉，应有微生物检验结果的信息记录。

4. 无害化处理

见本节"六、养殖信息"中"内容解读"的"5. 无害化处理"。

5. 包装

屠宰加工后的白条肉、二分体肉、四分体肉应使用塑料袋包装，以免运输中被有害物质污染。

分割肉可采用多种形式的预包装，如箱、盒、袋等。包装信息记录包括包装形式、包材、规格。

【实际操作】

1. 检疫

牲畜检疫分以下步骤：

（1）宰前检疫　即检查牲畜饲养期间的饲料及饲料添加剂使用记录、兽医兽药记录（包括多次使用同一兽用药物的最后一次使用日期及休药期、疫苗使用记录）、出栏检疫合格证、运输工具消毒证明及运输检疫的合格证。

首先核实牲畜种类、运输中病死牲畜情况及待宰数量。然后对传染病和寄生虫病进行检疫，可疑病畜应剔除，转入隔离圈，作临床和实验室检验。

若检出口蹄疫、猪水泡病、猪瘟、牛海绵状脑病、牛传染性胸膜肺炎、牛瘟、蓝舌病、小反刍兽疫、绵羊痘、山羊痘等疫病、狂犬病、炭疽病、布鲁氏菌病、结核病等牲畜应进行无害化处理。以上疫病的可疑病畜可处以急宰，以防自然死亡或传染其他牲畜。急宰牲畜的宰前检疫报告供同群牲畜宰后检疫的综合判断和处理。

（2）宰后检疫　为促进宰后检疫的合格，应规范屠宰的卫生要求。整个屠宰过程完成后，对头部、胴体和内脏进行检疫。检疫项目包括传染病菌、病毒以及寄生虫。检疫合格后加盖检疫合格印章、出具检疫合格证。若宰后检疫发现有疫病，则进行医学处理。

①若发现口蹄疫、猪水泡病、猪瘟、牛海绵状脑病、牛传染性胸膜肺炎、牛瘟、蓝舌病、小反刍兽疫、绵羊痘、山羊痘等疫病、狂犬病、炭疽病，则应如下处理：

（a）立即停止生产。

（b）生产车间彻底清洗，严格消毒。

（c）立即向当地畜牧兽医行政管理部门报告疫情。

（d）病畜胴体、内脏以及同批产品做无害化处理。

（e）各项处理经当地畜牧兽医行政管理部门检查合后方可恢复生产。

②若发现布鲁氏菌病、结核病等疫病，则应按以上①～④处理，但同批产品的病变部分应销毁，其余部分作无害化处理。

③若发现寄生虫病，则作高温处理或销毁。

2. 屠宰

（1）待宰　在待宰棚中约半天，待宰期不应喂食。不应使用任何兽药。

（2）电击致昏　以使待宰牲畜处于昏迷状态，失去攻击性，消除挣扎，便于下道工序，保持畜肉正常质量；同时，这也是动物福利要求。

（3）淋浴净体　对牲畜进行清扫、用水喷洗，去除牲畜表面的泥土、杂质以及夹杂的微生物。

（4）刺杀放血　采用垂直放血方式，在颈动脉、颈静脉处放血，沥血时间不少于5min，尽量在胴体中少留血液。

（5）剥皮煺毛　剥皮时避免损伤胴体、污染胴体。煺毛用水温度以60～68℃为宜，时间以5～7min为宜，不留毛于胴体内。剥皮煺毛后用凉水喷淋降温。

（6）开膛净膛　开膛净膛时不应划破内脏。刀具的碎片不可留于胴体中，应有金属探测器监测，确保胴体无金属物。

（7）去头足内脏　去内脏时应连同肛门附近肌肉一起去除，以免此部分肌肉受病原微生物污染。去除的内脏也应进行检疫；

至此，形成白条肉，也可进一步劈成二分体肉、四分体肉、分割肉。

3. 消毒

消毒剂用于杀灭传播媒介上病原微生物，将病原微生物消灭于进入人体之前，切断传染病的传播途径，达到控制疾病传播的目的。屠宰加工中不是所有消毒剂都可使用，企业应特别注意，使用的消毒剂应符合两个要求：对人体无有害残留物；对畜肉不留污染杂质。由于消毒后的清洗可进一步去除肠道和表皮病原微生物，因此，畜肉屠宰加工中宜使用次氯酸钠，其降解为氯化钠，仍有杀菌作用；使用二氧化氯，降解为氯离子，仍有杀菌作用；使用过氧化氢，降解为水。在使用这些消毒剂后，为避免其没有完全降解，残留畜肉中，应充分清洗。

获得不同产品认证的畜肉屠宰加工企业有不同的消毒剂使用规定。有机食品不使用化学合成消毒剂，但可使用GB 19630.1—2011《有机产品　第1部分：生产》规定的过氧化氢、二氧化氯等消毒剂；绿色食品标准NY/T 472—2013《绿色食品　兽药使用准则》要求按照国家有关规定合理使用消毒剂外，还禁止使用酚类消毒剂。

按照消毒剂作用水平可分为以下3种：

（1）高效消毒剂　可杀灭一切细菌繁殖体、病毒、真菌及其孢子等，对细菌芽孢也有一定杀灭作用，但不能完全杀灭。高效消毒剂包括常用的有甲醛、戊二醛、环氧乙烷、过氧乙酸、过氧化氢、二氧化氯等，以及含氯消毒剂、臭氧、甲基乙内酰脲类化合物、双链季铵盐等。

（2）中效消毒剂　可杀灭部分细菌、真菌、病毒，包括含碘消毒剂、醇类消毒剂、酚类消毒剂等。

（3）低效消毒剂　可杀灭部分细菌、病毒，包括苯扎溴铵等季铵盐类消毒剂、氯己定（洗必泰）等双胍类消毒剂，汞、银、铜等金属离子类消毒剂及中草药消毒剂。

4. 检验

屠宰加工厂内的实验室负责产品的出厂检验，也可委托厂外有资质的实验室进行出厂检验。检验方法是依据产品标准中规定的方法，出厂检验的项目是依据产品标准以及农业部有关公告。对于质量安全追溯来说，应检验与质量安全有关的项目。实验室检验后应解释检验结果是发生在哪一工艺段上，尤其是不合格项目，以便整改。也就是说，实验室不仅负责检验，还负责解释项目发生在何工艺段。至于不合格原因，不需实验室解释，由工艺段的负责人解释。

为此，畜肉屠宰加工厂实验室检验的步骤如下：

（1）检验依据的确定 依据与畜肉有关的现行有效法规和标准。标准中规定的出厂检验项目，则由屠宰加工厂实验室完成。其他项目由承担型式检验的厂外有资质的实验室完成，但本厂需知道检验项目发生的工艺段，以便整改。与畜肉有关的现行有效法规和标准：GB 2707—2016《食品安全国家标准 鲜（冻）畜、禽产品》、GB 9959.1—2019《鲜、冻片猪肉》、GB/T 9961—2008《鲜、冻胴体羊肉》、NY/T 632—2002《冷却猪肉》、GB 2762—2017《食品安全国家标准 食品中污染物限量》、农业部公告第 193、235 号。

至于产品认证的畜肉，则还应符合有关标准的要求。有机食品应符合 GB 19630.1—2011《有机食品 第 1 部分：生产》规定，绿色食品应符合 NY/T 472—2013《绿色食品 兽药使用准则》和相关产品标准规定。

（2）质量安全项目的确定

①将以上法规和标准的要求归纳总结在一起，成为质量安全项目。

②同时列出这些项目发生的工艺段（见图 2-3）。

（a）异味、酸败味、挥发性盐基氮：剥皮燎毛、开膛净膛、冷却排酸储存。

（b）肉眼可见物：剥皮燎毛、开膛净膛、胴体分割、储存运输。

（c）水分：各养殖和加工工艺段的注水。

（d）重金属：养殖、待宰（是否在待宰期喂食饲料、饮水）。

（e）农残：养殖（饲料、饮水、圈舍消毒）。

（f）兽残：养殖、刺杀放血（是否在休药期内）。

（g）微生物：开膛净膛（其后的消毒工艺段）、排酸、包装、储存、运输、销售（场所清洁、销售环境的低温或冷冻）。

③由以上分析确定从养殖到加工过程的信息采集点及采集要素信息内容。

信息采集点1（牲畜养殖）：重金属、农药使用、兽药使用、检疫。

信息采集点2（待宰）：饲养饮水水质检验报告。

信息采集点3：屠宰时间、宰前宰后的检疫单位、检疫项目、检疫合格证书、清洗剂的品名、剂型及含量、稀释倍数、生产厂家、生产批次号或生产日期、清洗后肉眼可见物、车间环境、碎骨、刀具碎片和针头、产品代码、批次代码、微生物。

信息采集点4：检验结果。

信息采集点5：仓储温度、湿度、尘埃、鼠虫鸟防护；包装材料、规格及来源。

信息采集点6：运输车箱温度、运输时间、卫生条件、销售地或批发商代码等。

八、产品储藏信息

【标准原文】

6.4 产品储藏信息

位置、日期、设施、环境等信息。

【内容解读】

储藏位置应记录屠宰加工场内还是场外，可以编号的形式说明具体位置；储藏日期应包括入库和出库日期；储藏设施包括常温储藏所用架设、冷藏或冷冻所用设施；储藏环境应包括温度和湿度。

【实际操作】

储藏要求如下：

①仓库应采取防潮、防虫、防鸟、防鼠措施，远离火源，保持清洁。

②仓库温度以常温为宜，避免温度骤然升降。对于特殊产品，应根据其储存要求设置温度。如冷却肉及冷冻肉储藏在冷库中，温度保持稳定。

③仓库内应保持空气干燥，通风条件良好，地面平整，具有防潮设施。

④产品包装不得露天堆放或与潮湿地面直接接触，底层仓库内堆放产品时应用垫板垫起，垫板与地面间距离不得小于10cm，堆垛应离四周墙壁50cm以上，堆垛与堆垛之间应保留50cm通道。

⑤仓库卫生应符合 GB 14881—2013《食品安全国家标准 食品生产通用卫生规范》要求。

⑥建立储存设施管理记录程序。

⑦出入库记录应记录并保存进出库产品的名称、规格、批次、生产日期、数量、包装情况、运输方式及其编号、责任人，同时为了运输产品可追溯，记录上应有产品追溯码。如表 2-23 所示。

表 2-23 出入库记录

追溯码	日期	类型（入或出）	产品追溯码/生产批次	产品名称	规格	数量（t）	客户名称（出库填写）	运输车船号（出库填写）	运输责任人（出库填写）	保管员

九、产品运输信息

【标准原文】

6.5 运输信息

运输工具、运输号、运输环境条件、运输日期、起止位置、数量等信息。

【内容解读】

运输工具包括车、船，应进行编号，运输车应按产品品种采用冷藏车或冷冻车，记录其温度；运输日期和位置均应记录起止的日期和位置；运输数量可以 t 或个体记录。同时为了运输产品可追溯，记录上应有产品追溯码（表 2-24）。

表 2-24 运输信息表

序号	产品追溯码	运输工具	运输号	运输温度	运输日期	起止位置	运输数量	责任人

十、产品销售信息

【标准原文】

6.6 销售信息

市场流向、售前检疫、分销商、零售商、进货时间、上架时间、保存条件等信息。

【内容解读】

1. 市场流向、分销商、零售商

市场流向的信息首先为具体的省市，其后应是具体的分销商、零售商，得到确切的流通单位。分销商不一定直接零售，它可流转到零售商。零售商则直接销售给消费者。同时为了运输产品可追溯，记录上应有产品追溯码。以上销售信息结合追溯码上反映的信息，可以确保畜肉产品追溯信息从生产到消费的可追溯性。

2. 售前检疫

出厂后，销售前进入某省市的检疫。该信息可以为畜肉生产企业所得，也可以由分销商所得，在企业的销售记录中没有该信息。

3. 进货时间、上架时间、保存条件

三项均为零售商应记录的信息。进货时间和上架时间可使畜肉加工产品别超过其保质期。保存条件应符合产品储藏条件，记录常温、冷藏或冷冻，也是产品一旦变质检查原因的依据之一。销售信息表见表2-25。

表 2-25 销售信息表

序号	产品追溯码	售前检疫	市场流向	分销商	零售商	进货时间	上架时间	保存温度（℃）	责任人

十一、产品检验信息

【标准原文】

6.7 产品检验信息

产品来源、检验日期、检测机构、产品标准、产品批次、检验结果等信息。

【内容解读】

《食品安全法》第五十一条 食品生产企业应当建立食品出厂检验记录制度，查验出厂食品的检验合格证和安全状况，如实记录食品的名称、规格、数量、生产日期或者生产批号、保质期、检验合格证

号、销售日期以及购货者名称、地址、联系方式等内容，并保存相关凭证。记录和凭证保存期限应当符合本法第五十条第二款的规定。

第五十二条 食品、食品添加剂、食品相关产品的生产者，应当按照食品安全标准对所生产的食品、食品添加剂、食品相关产品进行检验，检验合格后方可出厂或者销售。

第八十九条 食品生产企业可以自行对所生产的食品进行检验，也可以委托符合本法规定的食品检验机构进行检验。

根据以上《食品安全法》的规定，为了便于产品质量安全追溯，产品的检验信息表应列入追溯码，其他信息包括：

（1）产品的来源信息 即该批产品及其原料的详细来源，如原料在哪里购买或哪里生产的，产品在哪里生产的，哪个批次等。

（2）产品的检测日期 即产品的出厂检测日期和型式检验日期。

（3）检测机构 即生产经营主体的实验室信息，包括人员管理档案，人员培训、上岗记录，仪器检定维护记录等。

（4）产品标准 即产品应符合的标准，普通食品、有机食品和绿色食品分别为依据的国家产品标准、有机产品标准和绿色食品产品标准。

（5）产品批次 即产品生产批次。

（6）检验结果 如原始记录，检验报告等。

【实际操作】

1. 产品来源

产品的来源信息体现在检验登记台账和抽样单上，检验登记台账包括表 2-26 所示内容。

表 2-26 检验登记台账示例

样品编号	产品名称	抽样基数	样品数量	生产日期/批次	抽样时间	抽样地点	记录人

确定来源后进行抽样，填写产品抽样单（表 2-27）。其中检验类别包括出厂检验、型式检验（包括自检或交送质检部门）。注册商标仅适用于肉制品。样品基数是指抽取样品的产品数量，单位为 t 或 kg 等，这产品数量为一个追溯精度的产量，可以是一个批次的产量。抽样方法填写随机抽样国家标准。

表 2-27　产品抽样单

单位全称			
通信地址			
追溯编码		电话号码	
产品名称		型号规格	
抽样地点		注册商标	
样品数量		检验类别	
样品基数		产品等级	
执行标准		样品状态	
生产日期		到样日期	
抽样方法：		交送质检部门方式：	
受检单位经手人（签字）		受检单位法人（签字）	
	年　月　日		年　月　日（公章）
抽样单位经手人（签字）		抽样单位法人（签字）	
	年　月　日		年　月　日（公章）

2. 检测机构

（1）实验室设施环境　实验室须使用面积适宜，布局合理、顺畅，无交叉污染，水电气齐备，温湿度与光线满足检测要求，通风要求良好，台面、地面清洁干净，实验室无噪声、粉尘等影响，安全设施齐全。

（2）人员管理

①任职资格。实验室所有检测人员应具备产品检验检测相关知识，并经化验员职业技能技术培训、考核合格取得化验员资质（表2-28）。

表 2-28 人员上岗考核评审表

考核人员		所在部门	
考核项目			
考核结果	附后		
评审内容及意见	评审专家签字： 年 月 日		
单位意见	领导签字： 年 月 日		

②检测能力。检测人员要掌握分析所必需的各种实验操作技能，掌握仪器设备的维护、保养基本知识，具备独立检测能力。

③人员培训。定期对人员培训，做好相应的记录，并建立人员档案，一人一档（表2-29）。

表 2-29 人员培训登记表

文件通知			
培训人员		培训时间	
培训地点		培训内容	
学 习 心 得			

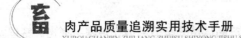
（3）检测设备 实验室检测仪器应定期进行检定或校准，并制定相应的检定或校准计划，保存相关记录，仪器设备应粘贴有效标识。仪器设备应授权给专人使用，并按照作业指导书进行操作，定期维护，填写并保存详细的使用、维护、维修记录。

①检查检测设备。检测设备的品种、量程、精度、性能和数量应满足原辅材料、中间产品和最终产品交收检验参数方法标准和工作量的要求，配备的检测设备与标准要求需要相适应（表 2-30）。

表 2-30　仪器设备维修记录

名称		型号		编号	
使用人		故障发生时间			
故障情况：					
故障排除情况：					
备注：					

②计量器具检定有效。纳入《强制检定的工作计量器具明细目录》和《依法管理的计量器具目录》的工作计量器具，应经有资质的计量检定机构计量检定合格，获得合格检定证书（表 2-31）。没有计量检定规程的非强制性计量检定的工作计量器具，可以按 JJF 1071—2010《国家计量校准规范编写规则》要求编制自校规程进行自校，也可以委托计量检定资质机构校准。

③检定周期。可参考 GB/T 27404—2008《实验室质量控制规范　食

品理化检测》附录 B "食品理化检测实验室常用仪器设备及计量周期"的规定。

表 2-31　天平检定证书示例

×××质量技术监督检验检测中心	证书编号 ×××
通信地址：×××　　邮编：××× 电话（Tel）：××× 检 定 证 书 VERIFICATION CERTIFICATE 证书编号 Certificate No. ＿＿＿××× 送检单位 Applicant ＿××× 计量器具名称 Name of Instrument ＿＿电子天平＿ 型号/规格 Type/Specification ＿＿LP211D＿ 制造厂 Manufacturer ＿＿＿××× 出厂编号 Serial No. ＿＿＿××× 检定结论 Verification Conclusion 符合 JJG 1036—2008 规程，准予作级Ⅰ使用 批准人＿＿＿＿ 检定日期 ×××　　核验员＿＿＿＿ 有效期至 ×××　　检定员＿＿＿＿	检定技术依据名称及代号：《电子天平检定规程》JJG 1036—2008 Reference of Verification 检定使用的计量标准器具： Standard of Measurement Used in this Verification 名称：　　　　　　E2 级砝码 Name 型号：　　　　　＿＿＿＿＿ Type 测量范围：　　　　1mg～600g Measuring Range 不确定度/准确度等级/最大允许误差：E2 级 Uncertainty/Accuracy Class/MPE 环境条件：　符合 JJG 1036—2008 规程要求 Environmental Conditions 标准器证书有效期限　××年××月××日 Valid Date of the Standard Certificate

3. 检测时间和检验结果

检测结果由检验报告体现。检验报告的内容包括：检验报告编号（同样品编号）、追溯码、产品名称、受检单位等。

检测原始记录是编制检验报告的依据，是查询、审查、审核检测工作质量、处理检测质量抱怨和争议的重要凭据。因此，检测原始记录内容应包括影响检测结果的全部信息，通常应包括以下要求：检测项目名称和编号、方法依据、试样状态、开始检测日期、环境条件和检测地点、仪器设备及编号、仪器分析条件、标准溶液编号、检测中发生的数据记录、计算公式、精密度信息、备注、检测、校核、审核人员签名等信息。

检验人员应对原料进厂、加工直至成品出厂全过程进行监督检查，重点做好原料验收和成品检验工作。

（1）原料验收检验　为确保生产经营主体所采购的原料符合规定要求，根据《食品质量法》等相关法律法规的规定，结合本单位实际，其检测机构或委托的有资质的质检机构要对采购的原料进行原料验收检验，检验不合格的原料拒收入库，做好相关的验收检验记录，保存好购销合同以及相关的单据，确保原料的可追溯性（表2-32）。

表 2-32　原料检验记录表

批号	原料来源	样品数量（kg）	检验项目			检验人
			感官	…	…	

记录人：　　　　　　　　　　　　负责人：
　年　月　日　　　　　　　　　　　年　月　日

（2）出厂检验（交收检验）项目、方法要求　对正式生产的产品在出厂时必须进行的最终检验，用以评定已通过型式检验的产品在出厂时是否具有型式检验中确认的质量，是否达到良好的质量特性的要求。

产品标准中规定出厂检验（交收检验）项目和方法标准的，按产品标准的规定执行。

部分产品标准中仅规定了技术要求和参数的方法标准，没有规定产品出厂检验（交收检验）项目的，可以按国家质量监督检验检疫总局的《食品生产许可证审查细则》（QS审查细则）规定的产品出厂检验（交收检验）项目和方法标准执行。

在不违反我国法律法规、政府文件和我国现行有效标准前提下，产品出厂检验（交收检验）按贸易双方合同中约定的产品的质量安全技术要求、检验方法、判定规则的要求执行。如果企业实验室具备独立检测的能力，可以自行检测，如果不具备独立检测能力可以全部委托有资质的质检机构进行出厂检验，

完成出厂检验（交收检验）应规范地填写出厂检验报告（表2-33）。

表 2-33　出厂检验报告

样品名称		样品编号	
样品来源		代表数量	
序号	项目	技术要求	检验结果	单项判定
1				
2				
3				
……				
检验结论		所检项目符合××《××》标准规定的要求，判该批产品××	
备注：追溯码			

检验人：　　　　　　　　　　　　　　责任人：
　年　月　日　　　　　　　　　　　　　年　月　日

　　产品生产过程和入库后，应当按照产品标准要求检测产品的规定参数（企业可以根据本单位实际情况增加项目）。

　　（3）型式检验项目、方法要求　型式检验是依据产品标准，对产品各项指标进行的全面检验，以评定产品质量是否全面符合标准。

　　①有下列情况之一时进行型式检验：

　　（a）新产品或者产品转厂生产的试制定型鉴定。

　　（b）正式生产后，结构、材料、工艺有较大改变，可能影响产品性能时。

　　（c）长期停产后，结构、材料、工艺有较大改变，可能影响产品性能时。

　　（d）长期停产后恢复生产时。

　　（e）正常生产，按周期进行型式检验。

　　（f）出厂检验（交收检验）结果与上次型式检验有较大差异时。

　　（g）国家质量监督机构提出进行型式检验要求时。

　　（h）用户提出进行型式检验的要求时。

　　②型式检验的检验项目、检验方法标准、检验规则均按产品标准规定执行。按需要还可增测产品生产过程中实际使用，而产品标准中没有要求的某一种或多种农药、或兽药、或食品添加剂等安全指标参数。

　　③根据生产经营主体实验室技术水平和检测能力，可以由其实验室独立承担、或部分自己承担和部分委托、也可全部委托有资质的质检机构承担型式检验。

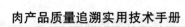

④农产品型式检验的检验频次应每年至少1次。

⑤产品检测原始记录：试样名称、样品唯一性编号、追溯编码、检验依据、检验项目名称、检验方法标准、仪器设备名称、仪器设备型号、仪器设备唯一性编号、检测环境条件（温湿度）、两个平行检测过程及结果导出的可溯源的检测数据信息（包含：称样量、计量单位、标准曲线、计算公式、误差、检出限等）、检测人员、检测日期、审核人、审核日期。

⑥产品检验报告：检验报告编号（同样品唯一性编号）、追溯编码、产品名称、受检单位（人）、生产（加工）单位、检验类别、商标、规格型号、样品等级、抽样基数、样品数量、生产日期、样品状态、抽样日期、抽样地点、检验依据、检验项目、计量单位、标准要求、检测结果、单项结论、检测依据、检验结论、批准人、审核人、制表人、签发日期（表2-34）。

表2-34　农业农村部＊＊＊监督检验测试中心（＊＊）
检 验 报 告

No：　　　　　　　　　　　　　　　　　　　　　　　　共 2 页 第 1 页

产品名称		型号规格	
抽检单位		商　标	
受检单位		检验类别	
		样品等级	
生产单位		样品状态	
抽样地点		抽样日期 到样日期	
样品数量		抽样者 送样者	
抽样基数		原编号或 生产日期	
检验依据		检验项目	见报告第二页
所用主要仪器		实验环境条件	
检验结论	（检验检测专用章）　　　　　签发日期：　年 月 日		
备注			

批准：　　　　　　　　审核：　　　　　　　　制表：

106

农业农村部＊＊＊监督检验测试中心（＊＊）
检 测 结 果 报 告 书

No：

共2页 第2页

序号	检验项目	单位	标准要求	检测结果	单项结论	检测依据
1						
2						
3						
4						
5						
6						
7						
8						

注：

第六节　信息管理
一、信息存储

【标准原文】

7.1　信息存储

应建立信息管理制度。纸质记录应及时归档，电子记录应每2周备份一次，所有信息档案应至少保存2年。

【内容解读】

信息管理制度中信息指在农产品质量安全追溯系统建设和运行过程中

形成的、与农产品质量安全追溯相关的信息。生产经营主体在农产品质量安全追溯过程中应建立统一规范、分级负责、授权共享、运行安全的信息管理制度。

生产经营主体的农产品质量安全追溯系统记录信息除养殖信息和加工信息两个主要部分，另外还包括饲料的种植或购入信息。信息的记录方式为纸质记录和电子记录。各采集点信息采集人员应根据追溯产品的各个环节做好纸质记录并及时归档；纸质记录确认正确后由电子信息录入人员录入质量追溯系统，形成电子记录，电子记录在每次录入完成后应每2周备份一次数据。所有信息档案应由专人保管负责，纸质记录档案应防火、防潮、防盗；电子信息记录应定期按时进行整盘备份。所有信息档案均应由专门科室、专人负责保存，保存期在2年以上。

【实际操作】

1. 信息管理制度的建立

（1）总述

①农业生产经营主体为加强自身产品质量安全追溯信息系统管理及设备使用、维护，保障质量安全追溯工作顺利实施，制定农业生产经营主体的信息管理制度。

②信息管理制度旨在根据农业生产经营主体的产品质量安全追溯信息系统运行特点，结合生产管理现状、机构设置情况和设备分配情况，明确岗位责任，细化岗位分工，规范操作行为，确保系统设备正常维护、运行，保障追溯信息系统顺畅运行。

③信息管理制度的建立，应遵循注重实际、突出实效、强化责任、协调配合的原则。

④信息管理制度适用于承担该生产经营主体的产品质量安全追溯信息系统运行任务的部门和人员。

（2）岗位职责　农业生产经营主体的质量安全追溯信息系统操作流程中，各环节由专门机构负责生产和信息管理。以下7个环节均要求各自完成信息采集后及时通过网络传送到追溯信息系统平台。

①饲料种植：以操作区田块地号为单位划分追溯单元，由操作区负责进行技术指导、信息采集，通过统一生产管理模式，采取统一供应饲料品种、统一购置肥料、农药等投入品，统一标准作业等措施，完成产品的生产过程。信息采集由操作区信息采集员具体负责，纸质档案记录到户或户组。

②牲畜饲养：以操作区圈舍为单位划分追溯单元，即追溯精度，由操

作区负责进行技术指导、信息采集,通过统一生产管理模式,采取统一饲料饲养、统一卫生防疫、统一兽医兽药、统一购置兽药投入品、统一标准作业等措施,完成产品的生产过程。信息采集由操作区信息采集员具体负责,纸质档案记录到户或户组。若以饲养户组为追溯精度,则由饲养户组的负责人实施以上工作。若以饲养户为追溯精度,则由饲养户实施以上工作。

③牲畜收购及检验:由加工企业收购部合理制定牲畜收购计划,并根据计划指派专人按追溯精度实行单收。由相关机构检测室负责对牲畜质量进行检测,检验合格的牲畜按追溯精度待宰,待宰位置要与屠宰位置加以隔离,并设置显著的识别标志。

④屠宰及分割:加工企业车间负责人按照追溯精度组织分批加工、包装。追溯产品的加工与普通产品的加工要具有 定的时间间隔。追溯产品包装样式要有别于普通产品。

⑤成品入(出)库:加工企业库房负责人按照生产班次接收成品,进行质量检验,并按生产批次、产品类别等分开存放,设立标识便于区分。

⑥成品检测:成品检测由实验室负责,检测项目及方法按照国家相应标准执行,产品检验后填写产品出厂检验报告。

⑦销售:加工企业销售部门通过各地分销商、批发商和零售商实现有计划的产品销售。

(3)设备使用及维护职责 本制度所涉及的质量追溯设备包括电子信息采集设备、网络设备、打印机、U盘、照相机、录像机等设备。制度规定了设备正确、安全的使用及日常的维护工作规范。

(4)日常运行

①原始档案记录。原始档案记录是追溯信息的源头,各信息采集点技术员是此项工作的责任人,主管领导对档案记录的真实性负有领导责任。信息记录员要严格按照农业生产经营主体下发的质量安全追溯信息原始记录册或原始记录表所列项目填写,保证信息完整、准确。

农业生产经营主体设立专门机构或人员,负责对追溯项目实施过程中设备分配情况、项目运行情况、日常监管情况、信息上报情况等进行记录。

②信息中心。农业生产经营主体信息中心负责质量追溯信息管理、审核、上报,拥有对追溯信息的最高管理权限。

信息中心对各采集点的数据及纸质记录进行抽查核对,发现问题后退回信息采集点,修改后再次上报,上报数据经信息中心核查无误后,上传至质量安全追溯系统平台，同时对上报数据进行备份。传输追溯信息的时间不得晚于追溯产品的上市时间。

③追溯系统应急。当出现因错误操作或其他原因造成运行错误、系统故障时，应立即停止工作，上报故障情况。当天无法排除故障时，应保存好纸质信息记录，待系统恢复后及时将信息录入到系统中。

喷码机、标签打印机等专用设备出现故障无法正常使用时的处理，相关负责人要及时上报，质量安全追溯相关部门根据故障发生情况作出响应，下发备用设备并及时联系技术人员对故障机器进行维修，最大程度减少故障造成的影响。

信息中心追溯系统出现运行故障时，由信息中心工作人员先对数据库进行备份，然后及时与上级专家沟通，求得技术援助，尽快恢复系统运行。

（5）运行监管　信息中心、操作区、农业加工生产经营主体作为协管部门积极配合追溯监管工作，各单位的主任、经理是监管责任人。其监管职责是：

①信息中心负责追溯信息的日常管理，包括数据的采集、上报、审核、整理、上传等。

②操作区主任负责种植档案填写、系统信息采集、上报的监管。

③农业加工生产经营主体经理负责产品加工计划，加工档案填写、系统信息的采集、上报的监管。同时，要对标识载体的使用进行监督。

（6）系统维护

①设备的购置、领用及盘查。设备由农业生产经营主体信息中心统一组织采购，并按需求发放到各采集点。购置的设备应建立设备台账，在发放中确定设备使用主体及设备负责人，经签字确认后领取。设备负责人作为关键设备的直接责任人，负责对设备进行日常使用及维护，保障设备及数据安全，禁止非操作人员使用及挪作他用。信息中心定期对设备的使用情况进行盘查，发现挪用、损坏现象追究相关人员责任。

②普通计算机操作维护。每台计算机在使用时要保持清洁、安全、良好的工作环境，禁止在计算机应用环境中放置易燃、易爆、强腐蚀、强磁性等有害计算机设备安全的物品。做好计算机的防尘工作，经常对计算机所在的环境进行清理。做好计算机防雷安全工作，打雷闪电时，应暂时关闭计算机系统及周边设备，并断开电源，防止出现雷击现象。每台计算机要指定专人负责，做到专机专用。严禁挪作其他用途。每台计算机要设置管理员登录密码，防止非法用户擅自进入系统，篡改信息。不得私自拆解

设备或更换、移除计算机配件。及时按正确方法清洁和保养计算机，消除其污垢，保证计算机正常使用。操作员有事离开时，要先退出应用软件或将桌面锁定。每台计算机均要安装有效的病毒防范和清除软件，并做到及时升级。信息录入时，要注意经常备份系统数据。备份除在计算机中保存外，要利用 U 盘、移动硬盘等媒介重复备份。

③专用设备操作维护。本制度所称的专用设备包括条码打印机和喷码机等。追溯设备使用前，操作者均应详细阅读使用说明书，并严格遵从所有规范的操作方法。关键设备需要先对操作人员进行技术培训后方可使用，未进行培训的人员不得擅自使用追溯设备。所有设备的说明书要进行统一保管，不得遗失。所有设备要登记造册，不得更换、遗失设备。

（7）人员培训　为保证项目的顺利实施，应对相关人员进行培训。

①制度培训：对项目涉及的所有人员进行上岗前追溯制度及工作流程技术培训。质量追溯制度修改后，要增加更新内容解读的培训。

②技术培训：每年农业生产开始前由农业生产经营主体相关部门对质量安全追溯涉及的生产人员、技术管理人员进行技术培训，掌握高标准的技能知识。

③当责任部门、追溯岗位技术人员因职务变动、岗位调换等原因发生变化时，应分别对新增人员进行管理制度和系统操作技术的培训，保证其能够尽快熟知工作制度，掌握系统技术操作技能。

2. 信息的存储

农业生产经营主体（组织或机构）农产品质量追溯系统记录信息（以种植业为例）主要记录方式主要分为纸质记录和电子记录。

（1）纸质信息的存储要求

①各采集点信息采集人员根据追溯产品的生产环节做好纸质档案记录，尤其是在投入品的种类及使用信息、生产工艺中的产品收购、储藏、加工条件等记录。

②要求各采集点的原始档案记录要及时、真实、完整、规范，记录后认真核查，确认无误后由电子信息录入人员录入质量追溯系统系统平台。

③加工环节要做到动态汇总整理，做好入库和出库及加工的详细记录，并及时汇总上传。

④所有纸质原始记录在饲料种植阶段或加工阶段结束后，由信息员进行整理，统一上交，归档保管。

⑤原始记录应及时归档，装订成册，每册有目录，查找方便；原始档案有固定场所保存，要有防止档案损坏、遗失的措施。

（2）电子信息的储存要求　各采集点的追溯信息应在每次录入完毕后进行备份。电子记录备份到计算机的非系统盘和可移动存储盘上。生产周期内，应每2周将采集数据备份一次。农业生产经营主体信息中心要保证有新数据上传时及时备份，并交专人保管备份，做好记录。用于储存电子信息的计算机和可移动硬盘应专用，不可他用。做好电子病毒防护工作并定期进行杀毒管理。可移动硬盘存储设备应归档保管，由专人负责，防止损坏。计算机追溯信息至少要保留2年以上。

二、信息传输

【标准原文】

7.2　信息传输

上一环节操作结束时，应及时通过网络、纸质记录等以代码形式传递给下一环节，企业、组织或机构汇总诸环节信息传输到追溯系统。

【内容解读】

农产品追溯环节主要分为饲料种植环节、养殖环节和加工环节，具体内容主要有饲料种植单元、施肥、用药、牲畜收购、检验、检疫、饲料饲养、卫生防疫、兽医兽药、病死牲畜无害化处理等。畅通的通信网络确保了各信息采集点的信息传递畅通。各个环节操作时应及时进行相关信息的采集，并做好纸质记录和电子记录。各个环节的信息记录应编写唯一性环节信息代码，以便传递给下一环节。

【实际操作】

信息传输包括承接、传递、编辑和上报。畜肉加工厂与养殖生产经营主体实行一对一单线承传关系。采集的信息数据以代码形式传递给下一环节，应准确无误，每个传递环节之间应进行核实。信息采集后要在第一时间通过网络或者可移动设备等将数据信息及时上报到信息中心，信息中心对上报的各环节信息进行核实、编辑汇总，无误后将信息传输到质量安全追溯系统平台，形成信息传承关系示意图（图2-13）。

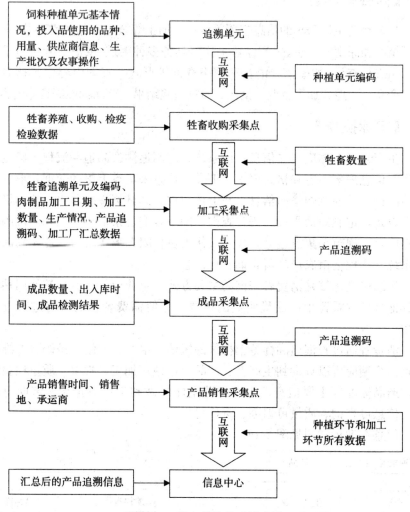

图 2-13 信息传输关系示意图

三、信息查询

【标准原文】

7.3 信息查询

凡经相关法律法规规定，应向社会公开的质量安全信息均应建立用于公众查询的技术平台，内容应至少包括养殖者、产品、产地、加工企业、批次、质量检验结果、产品标准等。

【内容解读】

生产经营主体采集的信息应覆盖生产、加工等全过程的关键环节,满足追溯精度和深度的要求。生产经营主体应具备多种渠道,供消费者对质量安全产品进行查询,如短信、语音和网络查询等形式。查询内容应包括养殖者、产品、产地、加工企业、批次、质量检验结果、产品标准等具体内容。

【实际操作】

生产经营主体应建立信息查询系统、定制追溯产品追溯流程,确定每个环节信息采集内容和格式要求,汇总各信息采集点上报的数据,形成完整追溯链,并通过网络向信息中心上传数据。调试标签打印机、喷码机等专用设备,定制短信查询、语音查询、网络查询、条形码查询和二维码查询等内容,规范采集点编号,建立操作人员权限,形成符合企业实际的追溯系统,实现上市农产品可查询、可监管。

产品追溯标签是消费者查询的主要方式,企业应将追溯标签使用粘贴或其他合理方式置于产品最明显的位置,方便消费者在购买时进行查询使用。

消费者通过查询追溯标签上提供的短信、语音、网络、条码、二维码等查询终端应可以查询到生产者、产品、产地、加工、批次、质量检验结果、产品标准等主要信息。生产经营主体应做到生产有记录、流向可追踪、信息可查询、质量可追溯、责任可界定。

信息查询示意图见图 2-14。

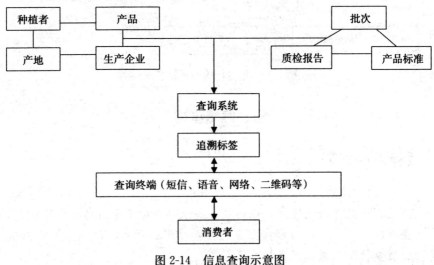

图 2-14　信息查询示意图

第七节　追溯标识

【标准原文】

8　追溯标识

追溯标识编制按 NY/T 1761 的规定执行。

【内容解读】

NY/T 1761《农产品质量安全追溯操作规程通则》的规定内容如下：

1. 可追溯农产品应有追溯标识，内容应包括追溯码、信息查询方式、追溯标志。

2. 追溯标识载体根据产品包装特点选用不干胶纸制标签、锁扣标签、捆扎带标签、喷印等形式。标签应位置显见、固着牢靠，标签规格大小由农业生产经营主体自行决定。

【实际操作】

1. 追溯标识的设计及内容

追溯标识要求图案美观，文字简练、清晰，内容全面、准确。追溯标识包括以下四个内容：

（1）追溯标志　图形已作规定，大小可依追溯标签大小而变。

（2）说明文字　表明农产品质量安全追溯等内容。

（3）信息查询渠道　语音渠道、短信渠道、条形码渠道和二维码渠道。

（4）追溯码　由条形码和代码两部分组成。

追溯标识示意图示例见图 2-15。

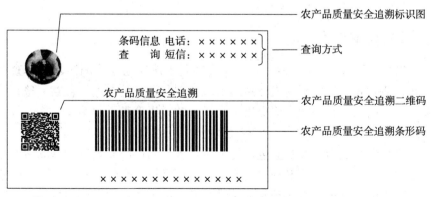

图 2-15　追溯标识示意图

目前，二维码广泛用于各种商标和商品识别中，主要有 QR 码、Maxi 码、PDF417 码、Aztcc 码等类型。农产品质量安全追溯标识中现使用 QR 码。QR 码具有超高可靠性、防伪性和可表示多种文字图像信息等特点，在我国被广泛应用。

2. 追溯标签的粘贴及形式

追溯标签的粘贴要求如下：

（1）粘贴位置应美观、整齐、统一，位于直面消费者的包装上显著位置。

（2）粘贴牢固，难以脱落、磨损。依据产品及其包装材质，生产经营主体可自主选用不干胶纸制标签、锁扣标签、捆扎带标签、喷印等形式。采用喷码打印或激光打码时，应图案清晰、位置合理，且产品包装应体现查询方式。

（3）标签使用的规格大小由生产经营主体自行决定，其应与追溯产品包装规格匹配，大小适合自身产品即可。

3. 追溯标识载体的使用

（1）追溯产品出入库时，应认真清点，做到数量、规格准确无误。

（2）追溯标识载体仅使用于追溯产品，其他产品严禁使用。追溯产品使用追溯标识载体时，必须按照要求在指定位置粘贴追溯标签或者喷制产品追溯码。

第八节 体系运行自查

【标准原文】

9 体系运行自查

按 NY/T 1761 的规定执行。

【内容解读】

根据 NY/T 1761 规定，农业生产经营主体应建立追溯体系的自查制度，定期对农产品质量追溯体系的实施计划及运行情况进行自查。检查结果应形成记录，必要时，应提出追溯体系的改进意见。

1. 概述

自查活动是为检查农业生产经营主体各项农产品质量安全追溯活动是否符合体系要求，验证其所建立的农产品质量安全追溯体系运行的适宜性、有效性，评价是否达到农产品质量安全追溯体系建设预期目标而进行的有计划的、独立的检查活动。通过自查，能发现问题、分析原因、采取措施解决问题，以实现农产品质量安全追溯体系的持续改进。

2. 目的

（1）确定受审核部门的农产品质量安全追溯体系建设符合规定要求。

（2）确定所实施的农产品质量安全追溯体系有效性满足规定目标。

（3）通过自查了解农业生产经营主体农产品质量安全追溯体系的活动情况与结果。

3. 依据

农产品质量安全追溯体系文件对体系的建立、实施提供的可具体运作的指导，是自查依据的主要准则。

4. 原则

对农产品质量安全追溯体系的实施计划及运行情况的自查应遵从实事求是、客观公正、科学严谨的原则。

（1）客观性 客观证据应是对事实描述，并可验证，不含有任何个人的推理或猜想。事实描述包括被询问的责任人员的表述、相关的文件和记录等存在的事实。

对收集到的证据进行评价，并最终形成文件。文件内容包括自查报告、巡检员检查表、不符合项报告表、首末次会议签到等。通过文件形式以确保自查的客观性。

（2）系统性 自查分为材料审查和现场查看两种形式。

材料审查重点是检查农产品质量安全追溯体系文件的符合性、适宜性、可操作性。根据自查小组成员的分工，对照农产品质量安全追溯体系运行自查情况表（表2-35）中所规定的各项检查内容逐项进行，同时做好存在问题的记录。

表2-35 农产品质量安全追溯体系运行自查情况表

条款	检查内容	检查要点	不符合事实描述	整改落实情况
1	建立工作机构，相应工作人员职责明确	见第2章机构和人员部分要求		
2	制订完善、可操作的追溯工作实施方案，并按照实施方案开展工作	见第2章机构和人员部分要求		
3	制定完善的产品质量安全追溯工作制度和追溯信息系统运行制度	见第2章管理制度部分要求		

（续）

条款	检查内容	检查要点	不符合事实描述	整改落实情况
4	产品质量安全事件应急预案等相关制度按要求修改完善并落实到位	见第 2 章管理制度部分要求		
5	各信息采集点信息采集设备配置合理	见第 1 章实施要求部分要求		
6	配置适合生产实际的标签打印、条码识别等专用设备	见第 1 章实施要求部分要求		
7	追溯精度与追溯深度的设置是否符合生产实际	见第 1 章实施要求部分要求 见第 2 章术语和定义部分要求		
8	采集的信息覆盖生产、加工等全过程的关键环节，满足追溯精度和深度的要求。具有保障电子信息安全的软硬件措施。系统运行正常，具备全程可追溯性	见第 1 章实施原则部分要求 见第 2 章信息采集部分要求		
9	规范使用和管理追溯标签、标识。信息采集点设置合理，生产档案记录表格设计合理。生产档案记录真实、全面、规范，记录信息可追溯。具有相应的条件保障企业内部生产档案安全	见第 2 章信息采集部分要求 见第 2 章追溯标识部分要求		
10	具有质量控制方案，并得以实施	见第 2 章管理制度部分要求		
11	具有必要的产品检验设备，计量器具检定有效，产品有出厂检验和型式检验报告	见第 2 章产品检验部分要求		

现场查看重点是检查农产品质量安全追溯体系文件执行过程的符合性、达标性、有效性、执行效率。如察看农产品质量安全追溯产品生产的各个环节、质量安全控制点和相关原始记录情况；察看硬件网络和质量追溯设备配置建设情况、系统运行应用情况；检查系统管理员及信息采集员的操作应用情况、信息采集情况以及软件操作熟练程度；从农产品质量安全追溯系统中随机抽取若干个批次的追溯码进行可追溯性验证，查询各环节信息的采集和记录情况，将纸质档案与系统内信息进行对照检查，检查是否符合要求。

符合性是指农产品质量安全追溯活动及有关结果是否符合体系文件要求。

有效性是指农产品质量安全追溯体系文件是否被有效实施。

达标性是指农产品质量安全追溯体系文件实施的结果是否达到预期的目标。

5. 人员配置及职责

根据农产品质量安全追溯体系自查工作的需要，自查小组成员一般由农业生产经营主体中生产技术部、品质管理部、企业管理部、信息技术部等人员组成。根据自查小组成员自身专业特长和工作特点赋予其不同的职责。当农业生产经营主体规模较小，部门设置不全的情况下，可以一人兼顾多人的工作职责组成自查小组。当农业生产经营主体规模较大，部门设置比较完善的情况下，可以由以下部门人员组成自查小组。

（1）企业管理部人员　主要由从事项目管理、了解农产品质量安全追溯体系建设基本要求和工作特点的人员组成。主要承担农产品质量安全追溯体系的制度建立、规划制定等方面的工作。

（2）生产技术部人员　主要由从事农业生产、在某一特定的区域对某种产品的生产、加工、储运等方面具有一定知识的生产技术人员组成。主要承担农产品质量安全追溯体系的生产档案建立、信息采集点设置等方面的工作。

（3）品质管理部人员　主要由了解农产品质量安全标准、从事农产品检测等方面的人员组成。主要承担农产品质量安全追溯产品质量监控、产品检测、人员培训等方面的工作。

（4）信息技术部人员　主要由了解农产品质量安全追溯体系构成及应用、能够熟练处理追溯系统软、硬件问题的人员组成。主要承担农产品质量安全追溯体系应用等方面的工作。

6. 频次

（1）常规自查　按年度计划进行。由于农产品生产的特殊性，应每一生产周期至少自查 次。

（2）当出现下列情况时，农业生产经营主体应增加自查频次：

①出现质量安全事故或客户对某一环节连续投诉。

②内部监督连续发现质量安全问题。

③农业生产经营主体组织结构、人员、技术、设施发生较大变化。

【实际操作】

农产品质量安全追溯体系内部自查审核一般分为 5 个阶段：自查的策

划与准备、自查的实施、编写自查报告、跟踪审核验证、自查总结。农产品质量安全追溯体系自查流程图见图 2-16。

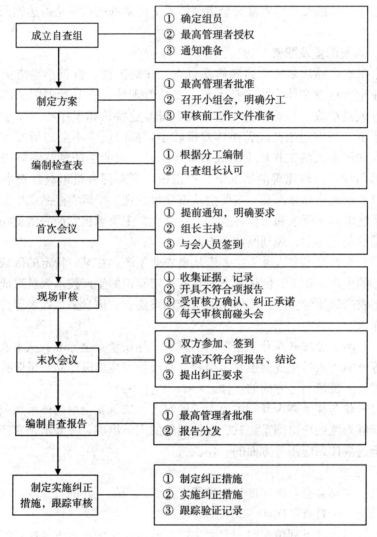

图 2-16　自查流程图

1. 自查的策划与准备

农产品质量安全追溯体系内部自查审核一般分为 5 个阶段：自查的策划与准备、自查的实施、编写自查报告、跟踪自查巡检验证、自查总结。

应组织有关人员策划并编制年度自查计划。年度自查计划可以按受审核部门进行开展，见表 2-36。

表 2-36 _____年度农产品质量安全追溯体系自查计划

条款/受审核部门	审核月份	一月	二月	三月	四月	五月	六月	七月	八月	九月	十月	十一月	十二月
1	种植基地												
2	生产车间												
3	品质管理部												
4	销售部												
5	信息部												
6	企业管理部												
7	生产技术部												

应成立自查小组，由自查组长编写自查实施计划（表 2-37）。内容包括自查的目的、性质、依据、范围、审核组人员、日程安排，准备自查工作文件。

表 2-37 _____年度农产品质量安全追溯体系自查实施计划

自查日期：				
自查目的：				
自查性质：				
自查依据：				
自查范围：				
自查组 组长： 副组长： 组员：				
日程安排				
日期	时间	受审核部门	条款/内容	自查员

工作文件主要是指自查不符合项报告表（表 2-38）、自查报告（表 2-39）、农产品质量安全追溯体系运行自查会议签到表（表 2-40）。

肉产品质量追溯实用技术手册

XUROU CHANPIN ZHILIANG ZHUISU SHIYONG JISHU SHOUCE

表 2-38 _____年农产品质量安全追溯体系自查不符合报告表

受审核部门		部门负责人	
自　查　员		审核日期	
不符合事实描述： 不符合：工作规范□　应急预案□　质量控制□　信息运行□　其他文件□ 不符合文件名称（编号）及条款： 不符合类型：　体系性 □　　实施性 □　　效果性 □ 要求纠正时限：一周 □　　二周 □　　三周 □　　约定时间 □ 自查员：　　　　　　　　　　　　　　　部门负责人： 日期：　年　月　日　　　　　　　　　　日期：　年　月　日			
不符合原因分析及拟定纠正措施： 　　　　　当 事 人：　　　　　　　　　日期：　年 月 日 　　　　　自 查 员：　　　　　　　　　日期：　年 月 日 　　　　　部门负责人：　　　　　　　　日期：　年 月 日			
纠正措施完成情况： 　　　　　部门负责人：　　　　　　　　　　　　　年 月 日			
纠正措施的验证： 　　　　　自　查　员：　　　　　　　　　　　年 月 日 　　　　　部 门 负 责 人：　　　　　　　　　年 月 日			

自查组长：　　　　　　　　　　　　　　　　　　　　　　　年 月 日

表 2-39 _____年农产品质量安全追溯体系自查报告

自查性质		自查日期	
自查组员：			
自查目的：			
自查范围：			
自查依据：			
自查过程综述： 自查组长：　　　　　　　　　　批准： 日期：　　　　　　　　　　　　日期：			

表 2-40 ＿＿＿＿年农产品质量安全追溯体系自查首末次会议签到表

会议名称	首次会议□		末次会议□	
会议日期		会议地点		
参加会议人员名单				
签 名		职 务		

2. 自查的实施

自查的实施按照首次会议、现场审核、碰头会、开具不符合项报告及召开末次会议 5 项程序依次进行。

自查实施从首次会议开始，根据农产品质量安全追溯体系文件、自查表和计划的安排，自查员进入现场检查、核实。在现场审核时，自查员通过与受审核部门负责人和有关人员交谈、查阅文件和记录、现场检查与核对、调查验证、汇总分析数据等方法，详细记录并填写农产品质量安全追溯体系运行自查情况表，经过整理分析和判断等综合分析，并经受审核方确认后开具不合格项报告，得出审核结论，并以末次会议结束现场审核。末次会上，由自查小组组长宣读自查不符合项报告表，做出审核评价和结论，提出建议的纠正措施要求。

（1）首次会议需要自查小组全体成员和受审核部门主要领导共同参加的会议。会议应向受审核部门明确自查的目的意义、作用、方法、内容、原则和注意事项。宣布自查日程时间表、宣布自查小组成员的分工、自查过程、内容和现场察看地点等。

（2）现场审核在整个自查过程中占据着重要的地位。自查工作的大部分时间是用于现场审核，最后的自查报告也是依据现场审核的结果形成的。现场审核记录的要求应清楚、全面、易懂、准确、具体，如文件名称、记录编号等。

（3）不符合项报告中的不符合项可能是文件的不符合项、人员的不符合项、环境的不符合项、设备的不符合项、溯源的不符合项等。主要可以分为 3 类：

①体系性不符合。体系性不符合是农产品质量安全追溯体系文件的制定与要求不符或体系文件的缺失。例如，未制订产品质量控制方案。

②实施性不符合。实施性不符合是指制定的农产品质量安全追溯体系文件符合要求且符合生产实际，但员工未按体系文件的要求执行。例如，

规定原始记录应在工作中予以记录，但实际上都是进行补记或追记。

③效果性不符合。效果性不符合是指制定的农产品质量安全追溯体系文件符合要求且符合生产实际，员工也按体系文件的要求执行，但实施不够认真。例如，原始记录出现漏记、错记等。

④不符合项报告须注意的事项：不符合事实陈述应力求具体；所有不符合项均应得到受审核部门的确认；开具不符合项报告时，应考虑其应采取的纠正措施以及如何跟踪验证，是否找到出现不符合的根本原因。

（4）末次会议需要自查小组全体成员和受审核部门主要领导共同参加的会议。会议宣读不符合项报告，并提交书面不符合项报告，同时提出后续工作要求（制定纠正措施、跟踪审核等）。

3. 编写自查报告

自查报告是自查小组结束现场审核后必须编制的一份文件。自查小组组长召集小组全体成员交流自查情况，并汇总意见，讨论自查过程中发现的问题，对农业生产经营主体农产品质量安全追溯体系建设工作进行综合评价，研究确定自查结论，对存在的问题提出改进或整改要求。自查小组需交流汇总的主要包括以下内容：自查主要内容、自查基本过程、可追溯性验证情况、自查的结论、对存在问题的限期改进或整改意见等。自查报告通常包括以下内容：审核性质、审核日期、自查组成员、自查目的、审核范围、审核依据、审核过程概述。

4. 跟踪审核验证

跟踪审核验证是自查工作的延伸，同时也是对受审核方采取的纠正措施进行审核验证，对纠正结果进行判断和记录的一系列活动的总称。跟踪审核的目的：

（1）促使受审部门实施有效的纠正/预防措施，防止不符合项的再次发生；

（2）验证纠正/预防措施的有效性；

（3）确保消除审核中发现的不符合项。

自查组长应指定一名或几名自查员对不符合项的纠正，以及纠正措施有效性进行跟踪验证并确认完成并合格后，做好跟踪验证记录，将验证记录等材料整理归档（纠正措施完成情况及纠正措施的验证情况可在不符合项报告表中一并体现）。

5. 自查的总结

年度自查全部完成后，应对本年度的自查工作进行全面的评价。包括年计划是否合适、组织是否合理、自查人员是否适应自查工作等内容。

第九节　质量安全问题处置

【标准原文】

10　质量安全问题处置

按 NY/T 1761 的规定执行。

【内容解读】

NY/T 1761 规定，可追溯农产品出现质量安全问题时，农业生产经营主体应依据追溯系统界定产品涉及范围，查验相关记录，确定农产品质量问题发生的地点、时间、追溯单元和责任主体，并按相关规定采取相应措施。

1. 可追溯农产品

可追溯性指从供应链的终端（产品使用者）到始端（产品生产者或原料供应商）识别产品或产品成分来源的能力，即通过记录或标识追溯农产品的历史、位置等的能力。具有可追溯性的农产品即为可追溯农产品。

2. 质量安全问题

中华人民共和国主席令第四十九号《中华人民共和国农产品质量安全法》规定，农产品质量安全，是指农产品质量应符合保障人的健康、安全的要求。农产品质量安全问题包括以下几方面：

（1）含有国家禁止使用的农药、兽药或者其他化学物质的；

（2）农药、兽药等化学物质残留或者含有的重金属等有毒有害物质不符合农产品质量安全标准的；

（3）含有的致病性寄生虫和微生物不符合农产品质量安全标准的；

（4）使用的饲料添加剂和食品添加剂等不符合国家有关强制性的技术规范的；

（5）其他不符合农产品质量安全标准的。

3. 农产品质量安全问题来源分析

建立了追溯系统的生产经营主体，在农产品发生质量安全问题时，可以根据农产品具有的追溯码，查询到该问题产品的生产全过程的信息记录，从而确定问题产品涉及范围，判断质量安全问题可能发生的环节，确定农产品质量安全问题发生的地点、时间、追溯单元和责任主体。

农产品出现质量安全问题，主要发生在以下 5 个环节：

（1）含有国家禁止使用的农药、兽药或者其他化学物质，主要发生在种植环节和养殖环节，生产者违规购买或使用了国家禁止使用的农药、兽药或其他化学物质。

（2）农药、兽药等化学物质残留或者含有的重金属等有毒有害物质不符合农产品质量安全标准，主要发生在种植环节和养殖环节，一方面，可能是生产者使用农药的安全间隔期内收获，或使用兽药的休药期内屠宰加工，导致药物残留不符合标准要求。另一方面，生产者没有按照国家标准规定正确使用药物，如农药和兽药的剂型、稀释倍数、使用量、使用方式等，导致药物残留不符合标准要求。重金属含量超标，主要由于饲料种植产地环境不符合标准要求，如土壤或灌溉水中重金属含量超标，导致饲料作物在生长过程中吸收富集重金属，最终导致饲料中重金属含量不符合标准要求，并转移至畜肉。养殖用水或加工用水带来的重金属污染，直接进入畜肉。

（3）含有的致病性寄生虫和微生物不符合农产品质量安全标准，主要发生在饲养过程中染疫，没采取处理措施，检疫不当，致使畜肉含有致病性寄生虫。屠宰加工环境、卫生条件不符合卫生要求，消毒和杀灭菌不力，致使畜肉及其加工品含有致病性寄生虫和微生物。仓储、运输环节也可因环境、卫生条件不符合要求，造成致病性寄生虫、微生物等有害物质，导致产品质量不符合标准要求。

（4）使用的饲料添加剂和食品添加剂等材料不符合国家有关强制性的技术规范，主要发生在饲料种植和畜肉加工环节，由于违规使用国家禁止使用的添加剂或超量使用，造成产品质量不符合国家标准要求。

（5）其他不符合农产品质量安全标准要求的，农产品的一些理化指标，如挥发性盐基氮超标，发生在畜肉冷却排酸环节；含有金属物质，发生在牲畜用药的针头残留以及畜肉屠宰刀具碎片残留；重金属污染发生在牲畜饮水环节等。

【实际操作】

农业生产经营主体应确保具有质量安全问题的农产品得到识别和处置，防止流入流通市场，应编制相关文件控制程序，以规定质量安全问题产品识别和处置的有关责任、权限和方法。并保持所有程序的实施记录。

1. 质量安全问题产品进入流通市场后的措施

当具有质量安全问题的产品进入流通市场后，农业生产经营主体应实施预警反应计划和产品召回计划。当发生食品安全事故或紧急情况时，应启动应急预案。

（1）预警反应计划　农业生产经营主体应采用适宜的方法和频次监视

已放行产品的使用安全状况，包括消费者抱怨、投诉等反馈信息，根据监视的结果评价已放行产品中安全危害的状况。针对危害评价结果确定已放行产品在一定范围内存在安全危害的情况，农业生产经营主体应按以下要求制定并实施相应的预警反应计划，以防止安全危害的发生：

①识别确定安全危害存在的严重程度和影响范围。

②评价防止危害发生的防范措施的需求（包括及时通报所有受影响的相关方的途径和方式，以及受影响产品的临时处置方法）。

③确定和实施防范措施。

④启动和实施产品召回计划。

⑤根据产品和危害的可追溯性信息实施纠正措施。

（2）产品召回计划 农业生产经营主体应制定产品召回计划，确保受安全危害影响的放行产品得以全部召回，该计划至少应包括以下方面的要求：

①确定启动和实施产品召回计划人员的职责和权限。

②确定产品召回行动需符合的相关法律、法规和其他相关要求。

③制定并实施受安全危害影响的产品的召回措施。

④制定对召回产品进行分析和处置的措施。

⑤定期演练并验证其有效性。

（3）应急预案 农业生产经营主体应识别、确定潜在的产品安全事故或紧急情况，预先制定应对的方案和措施，必要时做出响应，以减少产品可能发生安全危害的影响。应急预案的编制应包括以下主要内容：

①概述。简要说明应急预案主要内容包括那些部分。

②总则包括三项：

（a）适用范围，说明应急预案适用的产品类别和事件类型、级别。

（b）编制依据，简述编制所依据的法律法规、规章，以及有关行业管理规定、技术规范和标准。

（c）工作原则，说明本单位应急工作的原则，内容应简明扼要、明确具体。

③事件分级。根据可能导致的产品质量安全事件的性质、伤害的严重程度、伤害发生的可能性和涉及范围等因素对产品质量安全事件进行分级。

④风险描述。简述本企业的产品因质量问题可能导致人员物理、化学或生物危害的严重程度和可能性，主要危害类型，可能发生的环节以及可能影响的人群范围、可能产生的社会影响等

⑤组织机构及职责。成立以负责人为组长、相关分管负责人为副组

长，相关部门负责人等成员组成产品质量安全事件应急领导小组，并明确各组织机构及人员的应急职责和工作任务。

⑥监测与预警包括：

（a）信息监测。确定本企业产品质量安全事件信息监测方法与程序，建立消费者投诉、政府监管部门、新闻媒体等渠道信息来源与分析等制度以及信息收集、筛查、研判、预警机制，及时消除产品质量安全隐患。

（b）信息研判。根据获取的产品质量安全事件信息，开展事件信息核实，并对已核实确认的事件信息进行综合研判，确定事件的影响范围及严重程度，事件发展蔓延趋势等。

（c）信息预警。建立健全产品质量安全事件信息预警通报系统，建立产品质量安全事件报告制度，明确责任报告单位和人员、报告程序及要求。

⑦应急响应。

（a）响应分级。针对产品质量安全事件导致的危害程度、影响范围和本企业控制事态的能力，对产品质量安全事件应急响应进行分级，明确分级响应的基本原则。

（b）先期处理。先期派出人员到达事发地后，按照分工立即开展工作，随时报告事件处理情况，并根据需要开展抽样送检等相关工作。

（c）事件调查。

——组织开展事件调查，尽快查明事件原因。

——做好调查、取证工作，评估事态的严重程度及危害性。

——品管部门会同有关部门对事故的性质、类型进行技术鉴定，做出结论。

（d）告知及公告。需要进行忠告性通知时，可选择适宜的方式如电话、传真、媒体等方式发布。

（e）产品召回。实施产品召回，依据产品销售台账，及时对已召回或未销售流通的问题产品实施封存、限制销售等措施。

（f）赔偿。主动向因产品质量问题导致的受伤害的人员进行赔偿，避免事件影响扩大。

（g）后期处理。产品质量安全事件应急处置结束后，应对质量安全事件的处理情况进行总结，分析原因，提出预防措施，提请有关部门追究有关人员责任。

⑧保障措施。通信与信息保障、队伍保障、经费保障、物资装备保障、其他保障。

⑨应急预案附件。可以包括术语解释、人员联系方式、规范文本、有关协议或备忘录等。

各农业生产经营主体应根据本单位的具体情况，按照应急预案的基本编制原则，编制符合本单位的切实可行的应急预案。产品预警反应计划包含在应急预案中的，可以不必单独列出。

2. 质量安全问题产品处置

未进入流通市场的质量安全问题产品须经农业生产经营主体负责人批准，已进入流通市场的质量安全问题产品须经政府有关部门批准，可采取以下一种或几种途径处置质量安全问题产品：

（1）返工　通过调整生产加工设备的工艺参数或条件进行处理可达到标准要求的产品，可以通过返工得到安全产品。在质量安全问题产品返工得到纠正后，应对其再次进行验证，以证实其符合质量安全要求。

（2）转做其他安全用途　通过降级或降等的方式，食用农产品可以转做饲料或其他工业原料等。

（3）销毁　含有的质量安全问题不可消除，且无法转做其他安全用途的产品，必须销毁，不可作为追溯产品销售。

3. 应急预案演练示例

×××四分体牛肉产品质量追溯应急预案演练（示例）

一、演练目的

通过本次四分体牛肉产品质量安全事故应急演练，检验各部门在四分体牛肉产品质量安全出现异常情况下应急处置工作的实际反应能力和运作效果，从而进一步完善产品质量安全应急体系，提高各小组成员处理突发事故的能力。

二、演练依据

生产经营主体制定的《×××四分体牛肉产品质量安全事件应急预案》及国家的相关法律、法规。

三、职责

应急小组全面负责、各部门协助。

四、演练事件设置

2018年6月×日8时，某超市经销商反馈，消费者购买我公司生产的四分体牛肉食用后，出现腹泻现象，现已有2名消费者进行住院治疗。经食药监部门检测，该产品执行标准中挥发性盐基氮指标要求≤15mg/100g，食药监部门检测结果为28mg/100g。

五、演练流程

（一）启动应急预案

1. 应急小组

8时10分，质量安全事故应急小组成员赵××接到通知后，

立即向应急小组组长报告此事件。8时15分，应急小组组长刘××得知产品问题后，迅速召开会议进行指挥、部署，启动应急预案，追溯事故原因，并进行妥善处理。

2. 现场处置组

组织小组成员对问题产品展开调查，并对消费者食用的四分体牛肉进行封样留存。8点50分应急小组成员乔××、韩××分别到达超市、医院现场询问消费者购买情况及安抚、慰问消费者。

3. 事故调查组

9时10分，小组成员王××、刘××、张××组成调查组，开始调查此次事故原因。由刘××利用问题产品的追溯码进行网络查询。

4. 后勤服务保障工作组

9时24分，后勤服务保障工作组开始及时对应急资金、应急车辆等进行调配，保证事故处理所需。9时30分，准备就绪。

各工作组在展开各项工作的同时，及时向指挥部通报情况，为组长的决策和下达指挥命令提供各项信息支持。

（二）网络追溯

9时40分，应急小组成员刘××通过产品追溯码查询得知，此四分体牛肉产品为2018年6月20日生产，加工班组为×××加工班组，养殖基地为×××养殖场。销售日期为2018年6月21日，承运人赵××，运输方式为汽运，运输车辆车牌号×××××，销售去向为哈尔滨市某超市。

随后，将该结果传送一份至调查组。调查组根据追溯结果紧急分析产品的养殖、加工过程、时间、地点、相关人员以及采集的数据。

调查组调查了加工、储运环节的电子和原始纸质记录，并进行比对。

（三）实地调查

调查小组现场调查证实，消费者购买的四分体牛肉，确系×××公司加工生产，追溯码为×××××××××，该批次产品销售于×××超市。超市购入30kg，目前已销售5kg。通过进一步查看超市冷鲜柜存储环境情况及询问当时售卖人员，证实该追溯码产品在超市冷鲜柜售卖期间冷却设备运行正常，且温度稳定在0~4℃。调查运输车队，冷藏温度没问题。再调查冷却排酸车间,其换热机组有工作不稳定现象,综合分析,证实事故发生的原因系加工厂冷却排酸期间换热机组工作不稳定,导致冷却温度无法稳定在0～4℃,致使四分体牛肉挥发性盐基氮超过国家标准。

(四) 问题处理

10点20分,调查组将调查结果报告应急领导小组。听取汇报后,应急领导小组作出如下决定:委派质量安全事故应急领导小组成员赵××与超市进行对接协商,对剩余的25kg问题产品进行下架并停止销售,对同一追溯精度的批次产品做出处理,基于挥发性盐基氮超标不多,该产品改为饲料。

产品召回:通过电视台通知、超市现场挂条幅和超市滚动广播等方式,召回已销售的同追溯码问题产品。

(五) 信息发布

配合监管部门,通过媒体发布整个事件的调查结果,避免引起恐慌。

(六) 应急处置总结报告

该事故是由于冷却排酸期间换热机组工作不稳定,导致冷却温度无法稳定在0～4℃,使四分体牛肉挥发性盐基氮超过国家标准。在这起事故中暴露了产品加工过程监管不到位,责任意识不强,质量安全体系不够健全,监督措施落实不到位,使产品品牌、企业形象受到影响。

六、经验总结

(一) 应急演练过程中存在的问题

个别部门存在工作效率低、部门协调性差、程序混乱等问题。

(二) 建议

进一步加强领导,切实提高对应急反应工作的认识。进一步加强培训,全面提高应急反应工作水平及能力。

11时10分,应急领导小组组长刘××对应急预案演练进行了点评。

11时15分,整个演练结束。

NY

中华人民共和国农业行业标准

NY/T 1764—2009

农产品质量安全追溯操作规程
畜 肉

Operating rules for quality and safety traceability
of agricultural products–Livestock meat

2009-04-23 发布　　　　　　　　　　　2009-05-20 实施

中华人民共和国农业部 发布

前　言

本标准由中华人民共和国农业部农垦局提出并归口。

本标准起草单位：中国农垦经济发展中心、全国畜牧总站。

本标准主要起草人：张宗城、王生、王勇、韩学军、辛盛鹏、赵小丽。

农产品质量安全追溯操作规程 畜肉

1 范围

本标准规定了畜肉质量追溯术语和定义、要求、信息采集、信息管理、编码方法、追溯标识、体系运行自查和质量安全问题处置。

本标准适用于猪、牛、羊等畜肉质量安全追溯。

2 规范性引用文件

下列文件中的条款通过本标准的引用而成为本标准的条款。凡是注日期的引用文件，其随后所有的修改单（不包括勘误的内容）或修订版均不适用于本标准，然而，鼓励根据本标准达成协议的各方研究是否可使用这些文件的最新版本。凡是不注日期的引用文件，其最新版本适用于本标准。

NY/T 1761 农产品质量追溯操作规程通则

中华人民共和国农业部令第 67 号《畜禽标识和养殖档案管理办法》

3 术语和定义

NY/T 1761 确立的术语和定义适用于本标准。

4 要求

4.1 追溯目标

追溯的畜肉可根据追溯码追溯到各个养殖、加工、流通环节的产品、投入品信息及相关责任主体。

4.2 机构和人员

追溯的畜肉生产企业、组织或机构应指定机构或人员负责追溯的组织、实施、监控、信息的采集、上报、核实和发布等工作。

4.3 设备和软件

追溯的畜肉生产企业、组织或机构应配备必要的计算机、网络设备、标签打印机、条码读写设备等，相关软件应满足追溯要求。

4.4 管理制度

追溯的畜肉生产企业、组织或机构应制定产品质量追溯工作规范、信息采集规范、信息系统维护和管理规范、质量安全问题处置规范等相关制度，并组织实施。

5　编码方法

5.1　养殖环节

5.1.1　猪牛羊个体编码

按中华人民共和国农业部令第 67 号的规定执行。

5.1.2　养殖地编码

企业应对每个养殖地，包括养殖场、圈、栏、舍等编码，并建立养殖地编码档案。其内容应至少包括地区、面积、养殖者、养殖时间、养殖数量等。

5.1.3　养殖者编码

企业应对养殖者（生产管理相对统一的养殖户、养殖户组统称养殖者）编码，并建立养殖者编码档案。其内容应至少包括姓名、承担的养殖地和养殖数量等。

5.2　加工环节

5.2.1　屠宰厂编码

应对不同屠宰厂编码，同一屠宰厂内不同流水线编为不同编码，并建立屠宰厂流水线编码档案。其内容应至少包括检疫、屠宰环境、清洗消毒、分割等。

5.2.2　包装批次编码

应对不同批次编码，并建立包装批次编码档案。其内容应至少包括生产日期、批号、包装环境条件等。

5.3　储运环节

5.3.1　储藏设施编码

应对不同储存设施编码，不同储藏地编为不同编码，并建立储藏编码档案。其内容应至少包括位置、温度、卫生条件等。

5.3.2　运输设施编码

应对不同运输设施编码，并建立运输设施编码档案。其内容应至少包括车厢温度、运输时间、卫生条件等。

5.4　销售环节

5.4.1　入库编码

应对销售环节库房编码，并建立编码档案。其内容应包括库房号、库房温度、出入库数量和时间、卫生条件等。

5.4.2 销售编码

销售编码可用以下方式：

——企业编码的预留代码位加入销售代码，成为追溯码。

——在企业编码外标出销售代码。

6 信息采集

6.1 产地信息

产地代码、养殖者档案、产地环境监测等信息。

6.2 养殖信息

种畜；繁殖；仔畜、育肥畜的饲养、卫生防疫、兽医兽药、无害化处理、出栏检疫等信息。

6.3 屠宰加工信息

进厂检疫、清洗消毒、屠宰、宰后检疫、分割、无害化处理以及包装等信息。

6.4 产品储藏信息

位置、日期、设施、环境等信息。

6.5 运输信息

运输工具、运输号、运输环境条件、运输日期、起止位置、数量等信息。

6.6 销售信息

市场流向、售前检疫、分销商、零售商、进货时间、上架时间、保存条件等信息。

6.7 产品检验信息

产品来源、检验日期、检测机构、产品标准、产品批次、检验结果等信息。

7 信息管理

7.1 信息存储

应建立信息管理制度。纸质记录应及时归档，电子记录应每 2 周备份一次。所有信息档案应至少保存 2 年。

7.2 信息传输

上一环节操作结束时，应及时通过网络、纸质记录等以代码形式传递给下一环节，企业、组织或机构汇总诸环节信息后传输到追溯系统。

7.3 信息查询

　　凡经相关法律法规规定，应向社会公开的质量安全信息均应建立用于公众查询的技术平台。内容应至少包括养殖者、产品、产地、加工企业、批次、质量检验结果、产品标准等。

8　追溯标识

　　追溯标识编制按 NY/T 1761 的规定执行。

9　体系运行自查

　　按 NY/T 1761 的规定执行。

10　质量安全问题处置

　　按 NY/T 1761 的规定执行。